走进大自然丛书
ZOUJIN DAZIRAN
CONGSHU

Ta
da



（最新版）

# 探索大自然的四季

本书编写组◎编

世界图书出版公司
广州·北京·上海·西安

**图书在版编目（CIP）数据**

探索大自然的四季 /《探索大自然的四季》编写组编 . —广州：广东世界图书出版公司，2010. 3（2024.2 重印）

ISBN 978 -7 -5100 -1608 -0

Ⅰ. ①探… Ⅱ. ①探… Ⅲ. ①季节 - 青少年读物 Ⅳ. ①P193 -49

中国版本图书馆 CIP 数据核字（2010）第 043660 号

---

| | |
|---|---|
| 书　　名 | 探索大自然的四季<br>TANSUO DAZIRAN DE SIJI |
| 编　　者 | 《探索大自然的四季》编写组 |
| 责任编辑 | 康琬娟 |
| 装帧设计 | 三棵树设计工作组 |
| 出版发行 | 世界图书出版有限公司　世界图书出版广东有限公司 |
| 地　　址 | 广州市海珠区新港西路大江冲 25 号 |
| 邮　　编 | 510300 |
| 电　　话 | 020-84452179 |
| 网　　址 | http://www.gdst.com.cn |
| 邮　　箱 | wpc_gdst@163.com |
| 经　　销 | 新华书店 |
| 印　　刷 | 唐山富达印务有限公司 |
| 开　　本 | 787mm × 1092mm　1/16 |
| 印　　张 | 13 |
| 字　　数 | 160 千字 |
| 版　　次 | 2010 年 3 月第 1 版　2024 年 2 月第 10 次印刷 |
| 国际书号 | ISBN　978-7-5100-1608-0 |
| 定　　价 | 49.80 元 |

---

# 前　言

春暖花开，燕子归来；夏日炎炎，万物繁荣；秋高气爽，北雁南飞；冬日冰寒，万里雪飘。春夏秋冬，周而复始，我们生活在色彩缤纷的四季中。也许，这些春夏秋冬的现象我们都习以为常，但是怀着强烈好奇心的我们，还是会对这些习以为常的现象提出疑问：为什么燕子会在春天归来？夏天的天气为什么这么热？为什么大雁在秋天飞往南方？冬天为什么会下雪？

春夏秋冬在一年之中总是不断递变轮回着，通过地球自转和公转，改变阳光照射的角度，也就改变了四季的温度，同时也改变了四季的物候。这说明大自然始终是运动的，而且是有规律的。

在这个五彩的四季之中，我们可以一起去领略四季的神奇。春季是万物复苏的季节。所谓“一年之计在于春”，可见春季是相当重要的时期了。关于春季，最让我们感受到的就是生命的气息。鸟儿开始在枝头鸣叫，小草露出嫩绿的新芽，柳条也开始抖动身体，拼命地吸收春天的甘露。冰河开始融化，温暖的阳关普照着大地，冬眠的动物被阳光唤醒，开始了他们新一年的生活。阳光走过春季，我们进入到烈日炎炎的夏季。火烈的太阳照在头上，知了在树上不停的鸣叫。有时候突然倾盆大雨，雷鸣闪电，有时候滴雨不下，叫人心烦。秋季缓缓进入我们的视野。露水浸湿了我们的衣服，秋霜打红了树上的枫叶，秋雨打落了泛黄的叶子，一切的事物都附上了一种动态的美。冬季，白雪将大地覆盖，万物又开始了他们的沉睡，唯有那傲然挺立的常青树依然屹立在风雪之中，一切又都恢复了平静，为接下来的一年做着充足的准备。

我们的生活时刻受到四季的影响，尤其是农业生产。“春种一粒粟，秋收万颗子。”每一粒粮食，都经受着季节的考验。当然，我们也沐浴在四季之中，享受着四季给我们带来的美丽景观。

四季固然是美好的，但是四季的自然灾害也是不容小视。肆虐的沙尘暴、可怕的台风、汹涌的海啸、无情的雪灾、狂怒的洪水等等，这些都显示了大自然的“威力”。还有一些奇怪的现象，六月飘雪，秋冬打雷等等。读完后我们会不会有一些反思？为什么我们的大自然会发出异样的吼声呢？答案就在书中。让我们一起去保护我们的大自然吧，让四季美景延续下去。

本书内容丰富多彩，四季的各种典型物候尽在其中，希望读者能从书中得到知识与快乐。接下来就让我们一起去掀起大自然四季的神秘面纱吧！

# 目 录
# Contents

# 漫谈大自然的四季

## 追寻四季的足迹



立春过后，大地渐渐从沉睡中苏醒过来。冰雪融化，草木萌发，各种花次第开放。再过两个月，燕子翩然归来。不久，布谷鸟也来了。于是转入炎热的夏季，这是植物孕育果实的时期。到了秋天，果实成熟，植物的叶子渐渐变黄，在秋风中簌簌地落下来。北雁南飞，活跃在田间草际的昆虫也都销声匿迹。到处呈现一片衰草连天的景象，准备迎接风雪载途的寒冬。在地球上温带和亚热带区域里，年年如是，周而复始……

其实，这些现象都发生在我们身边，只是我们太习惯了这些自然现象的发生。

可是你知道为什么会有春夏秋冬的季节变化吗？为什么秋季北雁会南飞？四季总是这么轮回下去是什么原因？想要追寻四季的足迹，那么我们首先要了解一下关于四季的知识了。

我们生活在四季中

那么，什么是四季呢？

四季指一年中交替出现的4个季节，即春季、夏季、秋季和冬季。在天文上，季节的划分是以地球在围绕太阳公转轨道上的位置确定的。地球绕太阳公转的轨道是椭圆的，而且与其自转的平面有一个夹角。当地球在一年中不同的时候，处在公转轨道的不同位置时，地球上各个地方受到的太阳光照是不一样的，接收到太阳的热量不同，因此就有了季节的变化和冷热的差异。

在气候上，4个季节是以温度来区分的。在北半球，每年的3~5月为春季，6~8月为夏季，9~11月为秋季，12~2月为冬季。在南半球，各个季节的时间刚好与北半球相反。南半球是夏季时，北半球是冬季；南半球是冬季时，北半球是夏季。在各个季节之间并没有明显的界限，季节的转换是逐渐的。



## 四季是怎么划分的

四季是根据昼夜长短和太阳高度的变化来划分的。在四季的划分中，以太阳在黄道上的视位置为依据，以二分日、二至日或以四立日为界限。但是，东西方各国在划分四季时所采用的界限点是不完全相同的。

第一种分类法：我国传统的四季划分方法，是以二十四节气中的四立作为四季的始点，以二分和二至作为中点的。如春季立春为始点，太阳黄经为315度，春分为中点，立夏为终点，太阳黄经变为45度，太阳在黄道上运行了90度。这是一种传统的，常见的方法。

第二种分类法：天文学分类法（即西方分类法）四季划分更强调四季的气候意义，是以二分二至日作为四季的起始点的，如春季以春分为起始点，以夏至为终止点。这种四季比我国传统划分的四季分别迟了一个半月。

春、秋二分日，全球各地昼夜长短和太阳高度都等于全年的平均值，具有从极大值（或极小值）向极小值（或极大值）过渡的典型特征。因此，把春分作为春季的中点，和把秋分作为秋季的中点是非常合理的；夏季里，昼最长，夜最短，太阳高度最大的是夏至那一天，该日地表获得太阳能量是最多的。所以，夏至作为夏季的中点是很合理的；同理，冬至作为冬季的中点也是很科学的。

但是，从实际气候上讲，夏至并不是最热的时候，冬至也不是最冷的时候，气温高低的极值都要分别推迟1~2个月。我国有“热在三伏，冷在三九”的说法。因此，把夏至和冬至分别安排为夏季和冬季的开始日期，与实际气候能更好地对应。所以，西方四季划分更能体现实际的气候意义。

无论是我国的具有天文意义的四季划分，还是西方具有气候意义的四季划分，都是天文上的划分方法。这是因为，二分、二至和四立在天文上都有确切的含义，都是把全年分成大体相等的4个季节，每个季节3个月，太阳在黄道上运行90度。它们都不能反映各地气候的实际情况。通过这种方法划分的季节，就是天文四季。



天文四季是半球统一的。在半球的范围内，每个季节有统一的开始和结束的时刻，并且在半球范围内，每一个地点均存在着这4个季节，每个季节都是等长的。

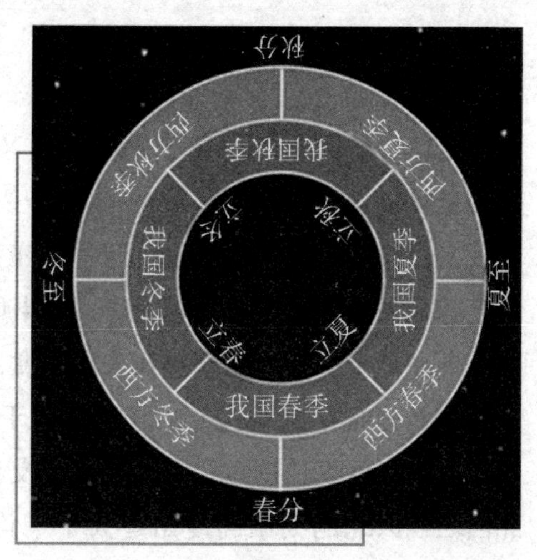

四季的划分

第三种分类法：为了准确地反映各地的实际气候情况，划分四季常采用气候上的方法即近代学者张宝坤分类法，采用气候平均气温划分四季。并且规定：气候平均气温≥22℃的时期为夏季，平均气温≤10℃的时期为冬季，介于10℃~22℃的为春季或秋季。按此标准划分四季，中纬地区季节与气候相一致，低纬地区和极地附近春、夏、秋、冬的温度变化很不明显。同时，在中纬地区，各季的长度也不一样。这就是气候四季。例如，北京春季有55天，夏季103天，秋季50天，冬季157天。这种方法，可以结合各地的具体气候、农业，故运用较多。

第四种分类法：气候统计法，因为一般以1月份为最冷月，因此，春季为3、4、5月；夏季为6、7、8月；秋季为9、10、11月；冬季为12、1、2月。这种四季分类法，比较适用四季分明的温带地区。

天文四季具有理论意义，气候四季具有实用价值。天文四季是气候四季划分的基础。天文四季是半球统一的，北半球是夏季，南半球是冬季；气候四季则是局部区域（中纬地区）统一的，天文四季的划分取决于天文现象的变化，气候四季的划分取决于气温的变化。无论哪个半球的哪个地点，都有等长的天文四季；而气候四季则在同一地点也不一定等长。这是天文四季和气候四季的主要不同之处。



## 四季的递变和轮回

### 四季的递变

地球上的四季首先表现为一种天文现象，不仅是温度的周期性变化，而且是昼夜长短和太阳高度的周期性变化。当然昼夜长短和正午太阳高度的改变，决定了温度的变化。四季的递变全球不是统一的，北半球是夏季，南半球是冬季；北半球由暖变冷，南半球由冷变热。

现在分析一下昼夜长短和太阳高度，在不同季节的周期性变化规律。

从春分经夏至到秋分，北半球处于夏半年，南半球处于冬半年。在此期间，北半球昼长夜短，南半球昼短夜长；北极处于极昼，南极处于极夜；北回归线以北的太阳高度始终大于平均值，南回归线以南则小于平均值。北回归线以北太阳升起于东北方的地平圈上，降落于西北方的地平圈上。二分日全球各地太阳均升起于正东方，降落于正西方。

从秋分经冬至到春分，北半球处于冬半年，南半球处于夏半年。在此期间，南北半球的昼夜长短、极昼极夜和太阳高度，都同上述情况相反。北回归线以北太阳升起于东南方的地平圈上，降落于西南方的地平圈上。

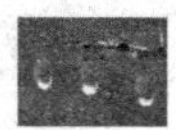

从夏至经秋分到冬至，北半球由夏半年变为冬半年，南半球由冬半年变为夏半年。在此期间，北半球昼渐短，夜渐长，极昼带逐渐缩小；南半球昼渐长，夜渐短，极夜带逐渐缩小。北回归线以北太阳高度一直在减小，南回归线以南则在增大。北回归线以北太阳出升方向由东北变为东南，降落方向由西北变为西南。秋分日由正东升起，正西降落。

从冬至经春分到夏至，北半球由冬半年变为夏半年，南半球由夏半年变为冬半年。南北半球的昼夜长短、极昼极夜和太阳高度的变化同上述情况相反。北回归线以北太阳升起的方向由东南变为东北，降落方向由西南变为西北。

从冬至到春分和从夏至到秋分，全球各地昼长都向平均值（12 小时）接近，极昼、极夜的范围都逐渐缩小。北回归线以北和南回归线以南的太阳高度都在向平均值接近。北回归线以北，太阳升起方向逐渐接近正东，降落方向接近于正西。



从春分到夏至和从秋分到冬至，全球各地昼夜长短都在向极值变化，极昼、极夜的范围都逐渐扩大。北回归线以北和南回归线以南的太阳高度也趋向极值。北回归线以北太阳升、落的方向，分别向东北、东南和西北、西南移动。

由于南北回归线之间的昼夜长短和太阳高度的变化较复杂，所占篇幅较多，我们没有充分地说明，读者自行总结出规律来也是不难做到的。在分析的时候，最好能分成几个阶段来进行。例如，在北半球，可以从春分到太阳直射该地算做一个阶段，再到夏至为第二个阶段，夏至以后到再次太阳直射为第三个阶段，以后可以把到冬至作为下一个阶段，由冬至到春分是最后一个阶段，太阳完成了一次回归运动。每个阶段昼夜长短、太阳高度、太阳的升落方向及正午时太阳的方向（例如，北半球夏至时，太阳在正午时位于天顶以北，冬至时则在天顶以南）等等，都有较大的变化。

**四季的轮回**

我们先来分析地球的运动，地球有两种基本的运动：一种叫自转——地球自身的旋转；另一种叫公转——绕着太阳的旋转。自转是绕着穿过南北两极的地轴进行的，方向是自西向东，离两极越远的地方转速越快。与两极等距的那一圈叫赤道。地球自转一周的时间为一天，也就是24小时。

地球绕太阳公转的速度为每秒30千米，绕太阳一周需要365天5时48分46秒。也就是一年，天文学上称之为回归年。地球绕太阳公转的轨道是一个椭圆，它的长直径和短直径相差不大，可近似为正圆。太阳就在这个椭圆的一个焦点上，而焦点是不在椭圆中心的，因此地球离太阳的距离，就有时会近一点，有时会远一点。1月初，地球离太阳最近，为1.471千米，这一点叫做近日点。7月初地球离太阳最远，为1.521千米，这一点叫做远日点。事实上，当地球在近日点的时候，北半球为冬季，南半球为夏季，在远日点的时候，北半球为夏季，南半球为冬季。这就说明，四季的变化与近日点和远日点无关。

那么四季的变化到底是怎么产生的呢？与公转有关，但是决定性的条件是地球必须斜着绕太阳转；如果地球是垂直地绕太阳旋转的话，太阳光线将永远直射在地球的赤道附近，而其他地方的地平面与太阳光线的夹角也永远不变，地球上将不会有四季的变化。

我们知道，地球上某一平面气温高低与太阳光是直射还是斜射该平面有关。那么这种效果是怎么产生的呢？我们来分析一下。假定有一束固定大小的光束，当它直射在某一平面时，它投射在该平面的光斑将是一个正圆，而斜射时，光斑将是一个椭圆，而且越斜椭圆越大，也就是说，斜射时同样多的光线照在了更大的面积上。我们可以理解为，光束斜射时光斑区的光线稀一些，直射时光斑区的光线浓一些。这就是为什么太阳光直射的地方气温要高一些，而斜射的地方气温要低一些。我们知道气温是决定季节的主要因素，所以我们不难理解太阳光直射的地方，将是夏季，而斜射得最厉害的地方将是冬季，这两者之间的则是春季或秋季。

那么四季的交替变化又是怎样形成的呢？这就与地球的倾斜有关了，正是由于地球是倾斜着绕太阳旋转的，才使得太阳光的直射以赤道为中心，以南北回归线为界限南北扫动，每年一次，循环不断，从而形成了地球上一年四季，顺序交替的现象。

具体情况是这样的，当地球公转到3月21日左右的位置时，阳光直射在赤道上，这时北半球的阳光是斜射的，正是春季，南半球此时正是秋季。当地球转到6月22日左右的位置时，阳光直射在北回归线上，北半球便进入了夏季，而南半球正是冬季。9月23日左右时，阳光又直射到赤道上，北半球进入秋季，南半球转为春季。当地球转到12月22日左右的位置时，阳光直射到南回归线上，北半球进入冬季，而南半球则进入夏季。接下来就进入了新的一年，新一轮的四季交替又要开始了。

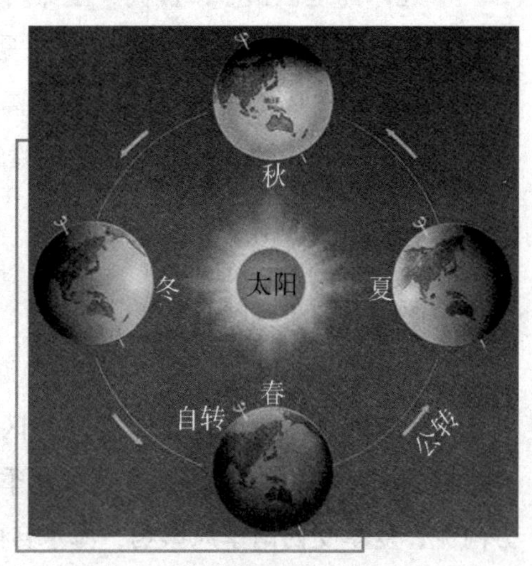


四季循环图



## 四季的地理分布和季节判断

### 四季地理分布

1. 热带雨林气候带，全年皆夏，年平均气温在28℃左右。

2. 萨瓦纳气候带，干湿季明显交替，以北半球为例，每年11月到第二年4月，信风控制，盛行热带大陆气团形成干旱少雨的干季；5～10月，赤道低气压控制，盛行赤道气团，形成闷热多雨的湿季。

3. 热带季风气候带，一年分成旱雨两季，每年6～9月，夏季风（西南季风）来临，形成高温多雨的雨季；10月到第二年5月，冬季风（东北季风）来临，降水明显减少，形成旱季。

4. 南极洲由于纬度高，地势高等原因，气候酷寒，冰川广布。但也有一个相对高温期，其平均温仍在0℃以下，实际上是全年长冬。

5. 北冰洋地区由于纬度高，全年严寒，皆为冬季。

6. 温带四季分明，一年中春暖、夏暑、秋凉、冬寒相当分明。但由于温带跨纬度多，从低纬到高纬，太阳高度和昼夜长短变化大，四季的长短亦有不同，从低纬的夏长冬短逐渐过渡到高纬的冬长夏短。

**季节的判断**

根据地理现象判断季节

1. 根据洋流判断

由于有些洋流特别是北印度洋海区的洋流由于定向风的季节变化而具有明显的季节变化特点。冬季受东北季风的影响，海水自东向西呈逆时针方向流；夏季受西南季风影响，海水自西向东呈顺时针方向流动。

2. 根据渔汛判断

舟山渔场是我国最大渔场。其渔汛也冬夏不同。夏季墨鱼汛，冬季带鱼汛。

3. 根据植物景观判断

有些自然带特别是萨瓦纳带植物景观季节变化很明显。夏季雨量充沛，花草茂盛，充满生机；冬季干燥，草木枯黄。

4. 根据动物迁徙判断

随着植被的季节变化，有些动物也相应发生迁徙，以寻找食物或相适应的生存环境。如热带稀树草原中的斑马、长颈鹿、角马等，都季节性迁移。

5. 根据风向判断

有些风向是随季节变化而变化的，无论是由于海陆热力性质差异形成的季风，还是气压带风带的季节移动形成的季风，季节性都很强。

东亚季风：夏季——东南季风；冬季——西北季风；

南亚季风：夏季——西南季风；冬季——东北季风。

澳大利亚北部季风也很明显。夏季（1月），西北季风；冬季（7月），东南季风。

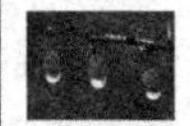

6. 根据气压中心判断

由于海陆热力性质差异，有些气压带被切断，形成一个个气压中心。以北半球为例，夏季，副高被热低压切断，副高只保留在海洋上，北太平洋为夏威夷高压，北大西洋上为亚速尔高压。冬季，副极地低气压带被大陆冷高压切断，使之只保留在海洋上。北太平洋为阿留申低压，北大西洋上为冰岛低压。

7. 根据雪线高低判断

气温的季节不同，引起高山永久雪线高低的变化。夏季，气温高，冰雪消融量大，雪线升高；冬季，气温低，冰雪消融量小，雪线低。这样，可用雪线的高低来测定季节的变化。

8. 根据等温线的弯曲判断

在北半球，大陆等温线向南（低纬）弯，说明比同纬度海洋气温低，是冬季。大陆等温线向北（高纬）弯曲，说明比同纬度海洋气温高，为夏季。海洋上等温线弯曲方向相反。

9. 根据北斗星斗柄指向判断

随地球公转，北斗七星（大熊座）绕着北极星作逆时针方向运动，斗柄的指向也就随季节发生变化。根据斗柄指向可判断季节。我国古代就有“斗柄指东，天下皆春”之说。

季节变化是半球现象。南北半球没有同时来临的季节。南北半球季节相反，当北半球是春季时，南半球则为秋季，北半球是夏季时，南半球是冬季。

# 五彩缤纷的四季

## 万物复苏的春天



在春季，地球的北半球开始倾向太阳，受到越来越多的太阳光直射，因而气温开始升高。随着冰雪消融，河流水位上涨，春季植物开始发芽生长，许多鲜花开放，冬眠的动物苏醒，许多以卵过冬的动物孵化，鸟类开始迁徙，离开越冬地向繁殖地进发。许多动物在这段时间里发情，因此中国也将春季称为“万物复苏”的季节。

春季是一年的第一个季节，有很多划分四季的方法。在日常生活中，人们通常把立春节气的到来作为春季的开始，立春是从天文学角度来划定的。

春天什么时候开始?

由春季平均开始日期分布图可以看出：福建、云南两省南部，是我国春来的最早的地方，秋季刚刚过去，春季就接踵而来，因为这里没有冬季。因此，气温降到全年最低的 1 月中、下旬，就可以认为秋季结束春节开始了。南岭以北的浙江、江西和湖南三省南部大都在 3 月上旬进入春季。4 月初，春季已经来到华北平原的最北部京津地区。“五一”劳动节前后，黑龙江省南部开始春回大地，但要到 5 月下旬，春天的气息才能吹遍我国最北的黑龙江省的每个角落。我国西部地区，北疆准噶尔盆地大约在 4 月份春始，南疆塔里木盆地 3 月份就春风已到了。青藏高原上大部分地区在四五月入春，但藏北高原甚至在最热月份也仍然升不到春季秋季的温度。

春季是冬季与夏季的过渡季节，冷暖空气势力相当，而且都很活跃。王安石曾经用这样一首诗描述对春天气候的矛盾心情：“春日春风有时好，春日春风有时恶，不得春风花不开，花开又被风吹落。”这句话说明了春天天气变化多端。具体来说，春季的气候主要有以下几个特点：

气温变化幅度大。春季，万象更新，生机勃勃，但是春天也是一年中天气变化幅度最大的时期，是气温乍暖还寒和冷暖骤变的时期。春季一天中的气温差异最大，以北京为例，1966 年 5 月 3 日最高气温和最低气温相差竟然达到 26. 8℃。所以要春季要及时收听天气预报，注意天气变化，适时增加衣物。



春季空气干燥多大风，正处于大气环流调整期，冷暖空气活动频繁，气温变化幅度大。前面我们提到，春季是冬季与夏季的过渡季节，冷暖空气势力相当，而且都很活跃，所以经常出现大风天气，特别是我国北方地区，其特点是南北大风交替出现，风力较大。一般来说，5 月份后，南北大风频繁的现象才能好转。一次大风天气的到来，带来了冷空气，气温下降，同时降低了空气湿度，容易引起感冒、鼻炎、关节炎、精神病、皮肤病等病症。

北方多沙尘天气。春季随着气温的回升，若前段时间降水偏少，地面干燥，当大风来临时，极易出现沙尘天气。气象上把沙尘天气分为浮尘、扬沙、沙尘暴。在我国北方地区，每年的三四月份还是沙尘天气的多发期。沙尘天气发生的结果就是大气中各种悬浮颗粒急剧增多，特别是对人体有害的可吸入颗粒物浓度也急剧升高，从而导致空气质量下降。这些悬浮颗粒中有很多致敏物质，它们容易诱发过敏体质的人产生过

春季北方多沙尘天气

敏反应，从而引起过敏性皮炎、过敏性鼻炎、哮喘以及荨麻疹等过敏性疾病。过敏性体质一定要远离这些过敏源，外出时要注意做好个人防范措施。

南方多阴雨天气。中国初春或深秋时节接连几天甚至经月阴雨连绵、阳光寡照的寒冷天气。又称低温连阴雨。南方，春季常阴雨连绵，低温与暖温交替出现，阴雨季节，湿气较大，容易引起风湿性关节炎。除此之外还有就是对人的心理疾病影响很大，因此春季应特别重视顺应自然适应气候的变化。

**倒春寒**

倒春寒是指初春（一般指3月）气温回升较快，而在春季后期（一般指4月或5月）气温较正常年份偏低的天气现象。长期阴雨天气或频繁的冷空气侵袭，抑或持续冷高压控制下晴朗夜晚的强辐射冷却易造成倒春寒。初春气候多变。如果冷空气较强，可使气温猛降至10℃以下，甚至下雨下雪，有时持续时间长达十天半个月。

在一年四季中，气温、气流、气压等气象要素变化最无常的季节就是春季。经常是白天阳光和煦，让人有一种“暖风熏得游人醉”的感觉，早晚却寒气袭人，让人倍觉“春寒料峭”。这种使人难以适应的“善变”天气，就是通常所说的倒春寒。

倒春寒是一种常见的天气现象，不仅中国存在，日本、朝鲜、印度及美国等都有发生，其形成原因并不复杂。中国春季（3月前后）正是由冬季风转变为夏季风的过渡时期，其间常有从西北地区来的间歇性冷空气侵袭，冷空气南下与南方暖湿空气相持，形成持续性低温阴雨天气。一般来说，当旬平均气温比常年偏低2℃以上，就会出现较为严重的倒春寒。而冷空气南下越晚越强、降温范围越广，出现倒春寒的可能性就越大。

倒春寒对农业影响

在农业生产上，倒春寒其实仍属春季低温阴雨范畴。因为在出现时间上偏晚，危害性更大，因此农业上将其区别对待。这是因为，早春农作物播种都是分期分批进行的，一次低温阴雨过程仅危害和影响一部分春播春种作物，且早春低温阴雨多数是在春播作物的针芽期、大多数果树还未进入开花授粉期，其对外界环境条件适应能力亦较强。而一旦过了“春分”尤其是清明节之后，气温明显上升，春播春种已全面铺开，各类作物生机勃勃，秧苗进入断乳期，多数果树陆续进入开花授花期，抗御低温阴雨能力大为减弱，若这时出现倒春寒天气，就面临大面积烂秧、死苗和果树开花座果率低之灾，其他春种作物生长发育也受到严重影响。

倒春寒天气使作物受到影响



倒春寒对身体的影响

心脑血管病发病增加老年人热平衡的能力较差，其循环系统很容易受到倒春寒的刺激。交感神经受寒冷刺激后，兴奋度增高，全身皮肤表层毛细血管收缩，使血流阻力增大，导致血压升高。另外，天气突变会引起地球磁场的改变，诱发人体植物神经功能紊乱。由于老年人及心脑血管病患者不能适应这种变化，可能发生血压突然升高、脑梗塞、脑出血或心肌梗死。国外一项试验表明，让一组 63 ~ 70 岁的老人在室温为 6℃的人工气候室里静坐看电视或看书，两小时后，老年人血压普遍升高了 25 毫米汞柱左右。而在同样条件下，青年人血压的变化很小。这说明低温容易使老年人的血管收缩。

早春时节，一些爱美的年轻姑娘早早就穿起了五颜六色的裙子。但女性膝关节对冷空气刺激较为敏感，遭受冷空气袭击以后，关节局部容易出现麻木、酸痛等症状，久而久之，容易发生风湿性关节炎。同时春季容易流行呼吸系统传染病。由于早春气候寒冷，空气干燥，呼吸道黏膜的防御功能会受到直接影响，细菌、病毒等病原微生物可乘虚而入，造成流感、腮腺炎等传染病流行。资料表明，在冬春交替的季节，麻疹、白喉、百日咳、猩红热、气管炎等呼吸系统传染病的发病率，远高于其他季节。因此我们要提前针对春季的这种天气变化，及时采取自我调整与保护措施。

**河流开河**

当大地回春，气温升高的时候，河流里的冰开始化解，分解的冰块随着河水向下流动，河流解冻开封。但是并不是所有的河冰都这样斯斯文文地解冻，让河流顺利开河。有时候解冻来得很快，特别是气温急剧上升或水位暴涨，这样就容易造成冰凌。科学家们给这两种河流开河方式起了很有趣的名字，对于慢慢解冻的开河方式叫“文开”河，对于迅速解冻容易引起冰凌的开河方式叫“武开”河。

春回大地，河流解冻

由南向北的河流特别容易发生“武开”河。当上游已是春光明媚，下游还是冰封千里的时候，融水带着冰顺流而下，时而阻塞，水位抬高，时而溃决，横冲直撞，使下游冰层遽然胀破，于是形成巨大的冰排，向下猛冲，对桥梁、堤坝危害严重。冰凌对桥墩威胁最大。春季淌凌时出现大冰排威胁桥墩时，需要用飞机或其他措施把冰排炸碎。

由冰凌壅塞引起的暂时涨水，叫做凌汛。黄河上游从宁夏到内蒙的河套段和下游在山东入海的地方，由于河段北流，经常出现凌汛。凌汛期间易出险情，一是凌汛来势猛烈，二是地冻未消，取土抢险困难。据统计，解放前，黄河改道后的百余年间，仅山东境内因凌汛决口就有 35 次之多，给沿岸人民造成很大的损失和痛苦。

## 春的播报者——报春花

严寒的冬季给人的印象是万物凋零，叶枯草黄。在很多人的心目中，大雁北归、柳树抽芽、小草泛绿是春天来临的征兆。可是地处祖国西南的云南高原一处一景。在冬季，高山之上白雪皑皑，山腰四周黄绿相杂，河谷之中却依然郁郁葱葱，因此，这里春天的信息是以与众不同的方式传递花。云南一年四季花不断，冬去春来之时，山茶花、玉兰花、杜鹃花以及其他许多花都会开放。不过，最能传递春天信息的花还要数报春花。

报春花，顾名思义是报告春天到来的花，它能在寒风中打苞，冰雪中吐蕾，而一旦那漫山遍野开出五彩缤纷的艳丽花朵时，人们就惊喜地发现：春来了。

春的播报者——报春花

报春花也叫年景花，全世界有报春花 500 种左右，中国有约 300 种，云南占 158 种，滇西北高原是世界报春花的发祥地和分布中心。

云南报春花多为野生品种，它不像山茶那样高大，玉兰那么典雅，杜鹃那般奔放，但它却具有自己独有的魅力。在茶树下、杜鹃旁都有它那纤细的身影，在野地里、石缝中，它依旧深深把根扎下，“虽无直干高千丈，却有盘根深百尺”就是它那旺盛生命力的真实写照。

报春花虽为植株矮小的草本植物，却也形态各异，色彩纷呈。有的高仅数寸，几乎整个筒伏在地；有的高一二尺，在草地上亭亭玉立。有的叶像一粒圆圆的卵，小巧玲珑；有的叶一头尖尖，一头凹进去，活似一颗心，不过它是绿色的；还有的叶形长长，边缘规整地开着裂口，像一盘异形锯片；有的绿叶光滑晶莹；有的叶正面淡绿，背面粉白；有的叶面上长着茸

茸的毛……报春花的色彩也许是各种名花中最为丰富多彩的了，光红色的就有艳红、深红、玫红、粉红、浅红、橙红、紫红等，还有白、黄、粉蓝、紫等。可以这么说：

赤橙黄绿青蓝紫，
天地精华皆聚此。
报春家族巧梳妆，
繁花艳卉难敌子。

就像一位色彩大师，有的报春花还能将几种色彩绝妙地汇于一体。有的花瓣中间玫瑰红，边缘为金黄色，或是反过来，花瓣中间呈娇嫩的鹅黄色，边缘变为淡雅的粉红色。最常见的报春花是整个花瓣大部分为艳丽的主色，中间透出对比强烈的其他色彩，与素色的花心相映成趣，令人久凝难释目。



报春花的花型主要为喇叭状。在花托之上，长着长长的喇叭柄，几片花瓣在柄头展开，然而花瓣的样子又各不相同。有的花瓣像翻卷的波涛，极富动感；有的花瓣似飘逸的彩带，婀娜洒脱；有的花瓣如规则的星星角，熠熠生辉；有的花瓣如神秘的几何图案，线条流畅……看到这千种姿态，万种风情的报春花，人们不由得赞叹大自然造化的鬼斧神功。

人们喜爱报春花，是因为在它那不娇不奢、自然朴素、轻盈摇曳的外表下，蕴含着无比旺盛的生机。田埂报春长在广袤的原野上，在小沟旁、田埂上吐出一片翠绿。当大地回暖之时，它便开出小小的紫色花朵，一簇簇，一团团，给人们送来清新。中甸报春在高山草甸上安家，也许是与蓝天红日距离得更近，它吸取了更多的自然精华。一旦绽放，便闪出金黄，为绿色的大地增添了无数亮点。

和杜鹃花一样，报春花特别喜欢“抱团”，一棵小小的植株并不起眼，几朵小小的花朵也没什么稀罕，可是当几千株几万株报春连成一片，几万朵几十万朵报春花一起怒放时，那种“处处红花红处处，重重绿叶绿重重”的景色蔚为壮观。

**迎接春节的水仙花**

水仙为我国十大名花之一，我国民间的清供佳品，每过新年，人们都喜欢清供水仙，点缀作为年花。因水仙只用清水供养而不需土壤来培植。其根，如银丝，纤尘不染；其叶，碧绿葱翠传神；其花，有如金盏银台，高雅绝俗，婀娜多姿，清秀美丽，洁白可爱，清香馥郁，且花期长。这珍贵的花卉早已走遍大江南北，远度重洋，久负盛名，誉满全球。她带去了我国的春天，我国人民的情谊和美好的心愿，赢得了“天下水仙数漳州”之美称。

水仙花早在宋代就已受人注意和喜爱。《漳州府志》记载：明初郑和出使南洋时，漳州水仙花已被当做名花而远运外洋了。“借水开花自一奇，水沉为骨玉为肌”。水仙花通常是在精致的浅盆中栽培，然而，它对生活也挺简单朴素，适当的阳光和温度，只凭一勺清水，几粒石子也就能生根发芽。寒冬时节，百花凋零，而水仙花却叶花俱在，胜过松、竹、梅，仪态超俗，故历代无数文人墨客都为水仙花题诗作画，呈献了不少幽美的篇章。

水仙花



每年春节，能工巧匠们创作出的水仙盆景雕刻艺术，且能依照人们的愿望，在预定的期间里开放，给节日、寿诞、婚喜、迎宾、庆典增添了不少光彩。那栩栩如生，生气盎然，耐人寻味，怪不得人们赞誉水仙一青二白，所求不多，只清水一盆，并不在乎于生命短促，不在乎刀刃的“创伤”，不在乎于严寒的“凌辱”，始终洁身自爱，带给人间的是一份绿意和温馨。

**报春归来的燕子**

燕子在冬天来临之前的秋季，它们总要进行每年一度的长途旅行——成群结队地由北方飞向遥远的南方，去那里享受温暖的阳光和湿润的天气，而将严冬的冰霜和凛冽的寒风留给了从不南飞过冬的山雀、松鸡和雷鸟。表面上看，是北国冬天的寒冷使得燕子离乡背井去南方过冬，等到春暖花开的时节再由南方返回本乡本土生儿育女、安居乐业。果真如此吗？其实不然。原来燕子是以昆虫为食的，且它们从来就习惯于在空中捕食飞虫，而不善于在树缝和地隙中搜寻昆虫食物，也不能像松鸡和雷鸟那样杂食浆果、种子和在冬季改吃树叶（针叶树种即使在冬季也不落叶）。可是，在北方的冬季是没有飞虫可供燕子捕食的，燕子又不能像啄木鸟和旋木雀那样去发掘潜伏下来的昆虫的幼虫、虫蛹和虫卵。食物的匮乏使燕子不得不每年都要来一次秋去春来的南北大迁徙，以得到更为广阔的生存空间，燕子也就成了鸟类家族中的“游牧民族”了。

报春归来的燕子

“年年此时燕归来”，早在几千年前，人们就知道燕子秋去春回的飞迁规律。相传春秋时代，吴王宫中的宫女为了探求燕子迁徙的规律，曾将一只燕子的脚爪剪去，看它是否在第二年仍旧飞回原地。无独有偶，晋代有个叫傅咸的，亦用此法观测，结果这只缺爪的燕子在次年春天又飞回来。燕子一般在夜里飞迁，尤其是在风清月朗时飞得很快很高，白天则在地面休息觅食。对燕子的飞迁习性，古代的诗人曾这样描述：“昔日王谢堂前燕，飞入寻常百姓家”、“无可奈何花落去，似曾相识燕归来”。自古以来，人们乐于让燕子在自己的房屋中筑巢，生儿育女，并引以为吉祥、有福的事。尽管燕子窝下面的地常被弄得很脏，人们也不在意。燕子是季节性很强的候鸟，人们称它“报春归来的春燕”、“翩然归来的报春燕”等。只要见到燕子，似乎就是提醒人们：春天来了！古人曾有“莺啼燕语报新年”之佳句。人们总是把燕子跟春天联系起来。

## 春啼杜鹃鸟

“杜鹃花发杜鹃啼，似血如朱一抹齐。应是留春留不住，夜深风露也寒凄。”据李时珍说：“杜鹃出蜀中，今南方亦有之，装如雀鹞，而色惨黑，赤口有小冠。春暮即啼，夜啼达旦，鸣必向北，至夏尤甚，昼夜不止，其声哀切。田家候之，以兴农事。惟食虫蠹，不能为巢，居他巢生子，冬月则藏蛰。”

民间广泛流传着“望帝春心托杜鹃”的故事，说的是在古代蜀国有个名叫杜宇的人，做了皇帝以后称为“望帝”，死后化为杜鹃。杜鹃鸟之名，大概来源于此。

春啼杜鹃鸟

宋代的蔡襄诗云：“布谷声中雨满犁，催耕不独野人知。荷锄莫道春耘早，正是披蓑化犊时。”陆游也有诗曰：“时令过清明，朝朝布谷鸣，但令春促驾，那为国催耕，红紫花枝尽，青黄麦穗成。从今可无谓，倾耳舜弦声。”诗中催耕的布谷鸟，即杜鹃鸟。南宋词人朱希真的“杜鹃叫得春归去，吻边啼血苟犹存”更是充分地反映杜鹃为催人“布谷”而啼得口干舌苦，唇裂血出，认真负责的精神。

在春夏之际，杜鹃鸟会彻夜不停地啼鸣，它那凄凉哀怨的悲啼，常激起人们的多种情思，加上杜鹃的口腔上皮和舌头都是红色的，古人误以为它“啼”得满嘴流血，因而引出许多关于“杜鹃啼血”、“啼血深怨”的传说和诗篇。

在欧洲，布谷鸟的叫声意味着春天的到来，因为布谷鸟每年都在非洲度过冬季，到了3月份欧洲气候转暖时再返回来。交配后，雌性布谷鸟就准备产蛋了，但它们却不会自己筑巢。它们会来到像知更鸟、刺嘴莺等那些比它小的鸟类的巢中，移走原来的那窝蛋中的一个，用自己的蛋来取而代之。相对于它们的体形来说，它们的蛋是偏小的，而且蛋上的斑纹同它混入的其他鸟的蛋也非常相似，所以不易被分辨出来。如果不是这样，它们的蛋肯定会被扔出去。

杜鹃鸟的鸟蛋比其他鸟蛋早孵化。幼鸟出来后，会立刻把其他的蛋扔出巢外。它们之所以这样做，是因为它们不久就会长得很大，需要吃光养母所能找到的全部食物。

## 烈日炎炎的夏天

一说到夏天，人们首先想到的就是热，夏季是一年当中气温最高的时期，这其中既有内陆地区的干燥酷热，又有沿海地区潮湿闷热。但夏季的天气绝不是用一个热字可以概括了的。夏季是一年中天气变化最剧烈、最复杂的时期，我国大部分地区的降雨主要集中在这段时间里。近 30 年来北京全年降水量是 570 毫米，而仅仅夏季的降水量就达 423 毫米，占全年降水量的 74%，特别是 7 月下旬和 8 月上旬，常常是大雨和暴雨的集中期。另外，各种灾害性天气，例如雷电、冰雹、雷雨大风、洪涝、干旱、台风等也都多发生于此时。



造成夏季天气如此变化多端的一个重要原因就是水汽，充沛的水汽是各种天气变化的基本素材。说到水汽，我们要向大家介绍一个天气系统就是副热带高压。副热带高压是平均位于地球纬度 35 度处，近似沿纬度圈排列的高压系统，副热带高压位置有明显的季节变化，在北半球，夏季偏北，冬季偏南。气流从高压中心按顺时针方向向外旋转流出，在高压西部形成偏南气流，偏南气流源源不断地把海洋上的暖湿空气

冰雹——夏季灾害性天气

输送到我国大陆，从而为降雨提供水汽。当暖湿气流一旦和北方下来的冷空气相遇就会形成大范围的降雨天气，由于这个高压的位置随季节变化，也使得我国夏半年的降雨带自南向北依次推进。入秋，副热带高压南撤，雨带也跟着南移。这就是我国南方雨季开始早、结束迟、持续时间长，而北方雨季开始晚、结束早、持续时间短的原因。

副热带高压边缘的偏南暖湿气流可以给我国带来大量水汽，但副热带高压的内部，因受下沉气流影响却往往是炎热干燥的晴好天气。一些移动反常的副热带高压是造成我国大范围灾害性天气的罪魁祸首。

**黄梅雨**

初夏江淮流域一带经常出现一段持续较长的阴沉多雨天气。此时，器物易霉，故亦称“霉雨”，简称“霉”；又值江南梅子黄熟之时，故亦称“梅雨”或“黄梅雨”。在中国史籍中记载较多，如《初学记》引南朝梁元帝《纂要》“梅熟而雨曰梅雨”；唐柳宗元《梅雨》：“梅实迎时雨，苍茫值晚春”等。中国历书上向有霉雨始、终日的记载：开始之日称为“入霉”，结束之日称为“出霉”。芒种后第一个丙日入霉，小暑后第一个未日出霉。入霉总在6月6～15日，出霉总在7月8～19日，中国东部有一个雨期较长、雨量比较集中的明显雨季，由大体上呈东西向的主要雨带南北位移所造成，是东亚大气环流在春夏之交季节转变期间的特有现象。6月中旬以后，雨带维持在江淮流域，就是梅雨。（但由于现在的语言使用习惯语言，现在所说的梅雨并不仅仅局限于江淮流域到日本一带，中国东部地区如福建等在梅雨季节所发生的持续不断的降水也称为梅雨。）

我国长江中下游地区，通常每年6月中旬到7月上旬前后，是梅雨季节。天空连日阴沉，降水连绵不断，时大时小。所以我国南方流行着这样的谚语：“雨打黄梅头，四十五日无日头”。持续连绵的阴雨、温高湿大是梅雨的主要特征。

与同纬度地区的气候迥然不同，梅雨是指一定地区和一定季节内发生的天气气候现象。研究发现，欧亚大陆在北纬20度至北纬40度，为副热带高压和西风带交替控制的地带。大陆西岸，夏季受副热带南压东侧下沉气流控制，天气晴朗少云，气候炎热干燥；冬季在西风带影响下，从大西洋带来暖湿空气，形成较多的降水，使气候变得温和多雨。即表现为副热带夏干冬湿的地中海式气候。

大陆东岸，夏季受副热带高压西侧控制，下沉空气原来也较干，但从暖湿海面吸收大量水汽，因而带来丰沛的降水，产生了副热带湿润气候。这里由于海陆对比十分强烈，形成了独特的季风气候，其显著特点是夏雨冬干，雨量集中在夏季，恰与地中海式气候相反。

如果和同纬度的英国东岸比，也是截然不同。美国东岸中纬地带夏季风来临前后就不会出现长时期的阴雨天气，人们从未有长期天气闷热之感，发霉现象难以出现。可见，在同一纬度上降水季节迥然不同。所以，在世界上，只有我国长江中下游两岸，大致起自宜昌以东北纬29度至33度的地区，以及日本东南部和朝鲜半岛最南部有黄梅出现。也就是说，梅雨是东亚地区特有的天气气候现象，在我国则是长江中下游特有的天气气候现象。



居住在长江中下游的人们，往往有这样的体验：晴雨多变的春天一过，初夏随着而来，但不久，天空又会云层密布，阴雨连绵，有时还会夹带着一阵阵暴雨。这就是人们常说的“梅雨”来临了。

有些年份，长江中下游地区黄梅天似乎已经过去，天气转晴，温度升高，出现盛夏的特征。可是，几天以后，又重新出现闷热潮湿的雷雨、阵雨天气，并且维持相当一段时期。这种情况就好像黄梅天在走回头路，重返长江中下游，所以称为“倒黄梅”。“小暑一声雷，黄梅倒转来”。这是长江中下游地区广为流传的一句天气谚语。它的意思是说，在梅雨过去以后，如果“小暑”出现打雷，则梅雨又会倒转过来。这是有一定道理的。因为梅雨结束之后，长江中下游地区的天气，通常是越来越稳定的，而雷雨却是天气不稳定的象征。况且时至“小暑”，通常冷空气已不再影响长江流域，而雷雨的出现常常和北方小股冷空气南下有关，这种冷空气的南下，有利于雨带在长江中下游重新建立。当然，“倒黄梅”并不一定在小暑日打雷以后出现。一般说来，“倒黄梅”维持的时间不长，短则一周左右，长则十天半月。但是在“倒黄梅”期间，由于多雷雨阵雨，雨量往往相当集中，这是需要注意的。由于“倒黄梅”属于梅雨的一种，它在结束之后，通常

都转为晴热的天气。

从上面所介绍的各种梅雨中，可以看到，通常被人们视为大同小异的黄梅雨，实际上是多种多样的，它们之间的差别，有时还是相当悬殊的。以“入梅”来说，最早的在5月26日，最迟的在7月9日；“出梅”最早的在6月16日，最迟的在8月2日，相差均可达到一个半月。梅雨最长的年份持续两个多月，可以引起罕见的大水，而短的年份仅仅几天，还有的甚至出现“空梅”，带来严重的干旱。可见，梅雨是一种复杂的天气气候现象，它远不是像农历历本上所定的“入梅”、“出梅”那样简单。相对正常梅雨而言，“早梅”、“迟梅”、“特别长的梅雨”、“空梅”以及严重的“倒黄梅”，都属于异常梅雨。



### 变化莫测的雷阵雨

雷阵雨是一种天气现象，表现为大规模的云层运动，比阵雨要剧烈得多，还伴有放电现象，常见于夏季。

变化莫测的雷阵雨

雷阵雨来时，往往会出现狂风大作、雷雨交加的天气现象。大风来时飞沙走石，掀翻屋顶吹倒墙。风雨之中，街上的东西随风起舞，飞得到处都是，甚至还会连根拔起大树。

夏季，太阳光直射使地面上的水蒸发得比冬、春、秋都快。贴近地面的空气因温度较高，能够接纳更多的水汽，导致空气的密度减小，空气变轻，变轻了的空气不停地上升。随着海拔高度的增加，温度会逐渐下降（每上升100米，气温降低0.6℃），空气也就渐渐凉下来。空气凉了，就无法容纳原先丰沛的水汽，一部分水汽就会凝结成小水滴，天空就会起云。那么，这些小水滴怎么不迅速落下来成为雨呢？这是因为小水滴太小，上升的热气流托住了它们，并把悬浮着的小水滴不停地往更高处推。云就越堆越大越高，这样的云，气象上叫积雨云，其云底离地面约1000米。

当积雨云内的小水滴不断碰撞合并成较大的小水滴时开始往下落，而从地面上升的热空气却一个劲往上冲，两者之间摩擦后就带上了电荷。上升的气流带正电荷，下落的水滴带负电荷。随着时间的推移，积雨云的顶部积累了大量的正电荷，底部则积聚许多负电荷。地面因受积雨云底部负电荷的感应，也带上了正电荷。

云中水滴合并增大，直到上升热气流托不住了，就从云中直掉下来。下层的热气流给雨一淋，骤然变冷，不再上冲，转而向地面扑下来。此时，空中的电荷开始放电，并伴随着轰隆隆的雷声。因电闪以30万千米/秒的光速传播，雷是以331米/秒的声速传播，故人们先看到电光尔后才听到雷响。有时候雷声的时间拖得很长，那是云层、山峰及地面把雷声来回反射所致。



在我国，雷雨大多发生在5~8月份温高湿重的天气中。

雷雨天气安全常识：

1. 雷雨闪电时，不要拨打接听电话，要关闭手机。因电话线和手机的电磁波会引入雷电伤人。

2. 雷雨闪电时，不要开电视机、电脑、VCD机等，应拔掉一切电源插头，以免伤人及损坏电器。

3. 不要站在电灯泡下，不要冲凉洗澡。

4. 尽量不要出门，若必须外出，最好穿胶鞋，披雨衣，可起到对雷电的绝缘作用。

5. 尽量不要开门、开窗，防止雷电直击室内。

6. 乘坐汽车等遇到打雷闪电，不要将头手伸出窗外。

7. 在雷阵雨较大时要远离树木，尽量不要大跨步跑动，可以选择建筑物躲雨，但不宜选择车内躲雨。

8. 不要把晾晒衣服被褥的铁丝，拉接到窗户及门上。

9. 不要穿戴湿的衣服、帽子、鞋子等在大雷雨下走动。对突来雷电，应立即下蹲降低自己的高度，同时将双脚并拢，以减少跨步电压带来的危害。

10. 闪电打雷时，不要接近一切电力设施，如高压电线变压电器等。

**惊人的雷电**

形成打雷要具备一定的条件，即空气中要有充足的水汽，要有使湿空气上升的动力，空气要能产生剧烈的对流运动。春夏季节，由于受南方暖湿气流影响，空气潮湿，同时太阳辐射强烈，近地面空气不断受热而上升，上层的冷空气下沉，易形成强烈对流，所以多雷电现象。

雷电是伴有闪电和雷鸣的一种雄伟壮观而又有点令人生畏的放电现象。雷电一般产生于对流发展旺盛的积雨云中，因此常伴有强烈的阵风和暴雨，有时还伴有冰雹和龙卷风。积雨云顶部一般较高，可达20千米，云的上部常有冰晶。冰晶的淞附，水滴的破碎以及空气对流等过程，使云中产生电荷。云中电荷的分布较复杂，但总体而言，云的上部以正电荷为主，下部以负电荷为主。因此，云的上、下部之间形成一个电位差。当电位差达到一定程度后，就会产生放电，这就是我们常见的闪电现象。

惊人的雷电

闪电的的平均电流是3万安培，最大电流可达30万安培。闪电的电压很高，为1亿~10亿伏特。一个中等强度雷暴的功率可达1000万瓦，相当于一座小型核电站的输出功率。放电过程中，由于闪道中温度骤增，使空气体积急剧膨胀，从而产生冲击波，导致强烈的雷鸣。带有电荷的雷云与地面的突起物接近时，它们之间就发生激烈的放电。在雷电放电地点会出现强烈的闪光和爆炸的轰鸣声。这就是人们见到和听到的闪电雷鸣。

暴风云通常产生电荷，底层为阴电，顶层为阳电，而且还在地面产生阳电荷，如影随形地跟着云移动。阳电荷和阴电荷彼此相吸，但空气却不是良好的传导体。阳电奔向树木、山丘、高大建筑物的顶端甚至人体之上，企图和带有阴电的云层相遇；阴电荷枝状的触角则向下伸展，越向下伸越接近地面。最后阴阳电荷终于克服空气的阻障而连接上。巨大的电流沿着一条传导气道从地面直向云涌去，产生出一道明亮夺目的闪光。一道闪电的长度可能只有数千米，但最长可达数百千米。

威力巨大的闪电

闪电的温度，从17000℃至28000℃不等，也就是等于太阳表面温度的3～5倍。闪电的极度高热使沿途空气剧烈膨胀。空气移动迅速，因此形成波浪并发出声音。闪电距离近，听到的就是尖锐的爆裂声；如果距离远，听到的则是隆隆声。你在看见闪电之后可以开动秒表，听到雷声后即把它按停，然后以3来除所得的秒数，即可大致知道闪电离你有几千米。

闪电的受害者有2/3以上是在户外受到袭击。他们每3个人中有两个幸存。在闪电击死的人中，85%是女性，年龄大都在10～35岁。死者以在树下避雷雨的最多。

中国是一个多自然灾害的国家，跟地理位置有着不可分割的关系，雷电灾害在中国也有不少，最为严重的是广东省以南的地区，东莞、深圳、惠州一带的雷电自然灾害已经达到世界之最，这些地方也是因为大气层位置比较偏低所造成的影响。纽约是雷电灾害最多的地区在近几年更是明显加强，我国的东莞近来最为严重，雷电所带来的经济亏损在夏季5～8月，东莞当季的GDP比例亏损度接近6%，上千万的经济亏损，也是一大严重的自然灾害多发区域。雷电伤人事件在东莞地区每年都会发生，达到了全世界雷击人事件最频繁、最多的地区。它在中国，乃至全世界的雷电受灾重区之一。

常识：预防雷电的方法

1. 注意关闭门窗，室内人员应远离门窗、水管、煤气管等金属物体。

2. 关闭家用电器，拔掉电源插头，防止雷电从电源线入侵。

3. 在室外时，要及时躲避，不要在空旷的野外停留。在空旷的野外无处躲避时，应尽量寻找低洼之处（如土坑）藏身，或者立即下蹲，降低身体高度。

4. 远离孤立的大树、高塔、电线杆、广告牌。

5. 立即停止室外游泳、划船、钓鱼等水上活动。

6. 如多人共处室外，相互之间不要挤靠，以防雷击中后电流互相传导。

**夏季奇景——海市蜃楼**



平静的海面、大江江面、湖面、雪原、沙漠或戈壁等地方，偶尔会在空中或“地下”出现高大楼台、城廓、树木等幻景，称海市蜃楼。我国山东蓬莱海面上常出现这种幻景，古人归因于蛟龙之属的蜃，吐气而成楼台城廓，因而得名。

海市蜃楼

在夏季，白昼海水湿度比较低，特别是有冷水流经过的海面，水温更低，下层空气受水温更低，下层空气受水温影响，较上层空气为冷，出现下冷上暖的反常现象(正常情况是下暖上凉，平均每升高100米，气温降低0.6℃左右)。下层空气本来就因气压较高，密度较大，现在再加上气温又较上层为低，密度就显得特别大，因此空气层下密上稀的差别异常显著。

假使在我们的东方地平线下有一艘轮船，一般情况下是看不到它的。如果由于这时空气下密上稀的差异太大了，来自船舶的光线先由密的气层逐渐折射进入稀的气层，并在上层发生全反射，又折回到下层密的气层中来；经过这样弯曲的线路，最后投入我们的眼中，我们就能看到它的像。由于人的视觉总是感到物像是来自直线方向的，因此我们所看到的轮船映像比实物是抬高了许多，所以叫做上现蜃景。

我国渤海中有个庙岛群岛，在夏季，白昼海水温度较低，空气密度会出现显著的下密上稀的差异，在渤海南岸的蓬莱县（古时又叫登州），常可看到庙岛群岛的幻影。宋朝时候的沈括，在他的名著《梦溪笔谈》里就有这样的记载：

“登州海中时有云气，如宫室台观，城堞人物，车马冠盖，历历可睹。”



这就是他在蓬莱所看到的上现蜃景。1933 年 5 月 22 日上午 11 点多钟，青岛前海（胶州湾外口）竹岔岛上也曾发现过上现蜃景，一时轰传全市，很多人前往观看。1975 年在广东省附近的海面上，曾出现一次延续 6 小时的上现蜃景。

不但夏季在海面上可以看到上现蜃景，在江面有时也可看到，例如 1934 年 8 月 2 日在南通附近的江面上就出现过。那天酷日当空，天气特别热，午后，突然发现长江上空映现出楼台城廓和树木房屋，全部蜃景长 20 多里。约半小时后，向东移动，突然消逝。后又出现三山，高耸入云，中间一山，很像香炉；又隔了半小时，才全部消失。

在沙漠里，白天沙石被太阳晒得灼热，接近沙层的气温升高极快。由于空气不善于传热，所以在无风的时候，空气上下层间的热量交换极小，遂使下热上冷的气温垂直差异非常显著，并导致下层空气密度反而比上层小的反常现象。在这种情况下，如果前方有一棵树，它生长在比较湿润的一块地方，这时由树梢倾斜向下投射的光线，因为是由密度大的空气层进入密度小的空气层，会发生折射。折射光线到了贴近地面热而稀的空气层时，就发生全反射，光线又由近地面密度小的气层反射回到上面较密的气层中来。这样，经过一条向下凹陷的弯曲光线，把树的影像送到人的眼中，就出现了一棵树的倒影。

由于倒影位于实物的下面，所以又叫下现蜃景。这种倒影很容易给予人们以水边树影的幻觉，以为远处一定是一个湖。凡是曾在沙漠旅行过的人，大都有类似的经历。拍摄影片《登上希夏邦马峰》的一位摄影师，行走在一片广阔的干枯草原上时，也曾看见这样一个下现蜃景，他朝蜃景的方向跑去，想汲水煮饭。等他跑到那里一看，什么水源也没有，才发现是上了蜃景的当。这是因为干枯的草和沙子一样，可以被烈日晒得热浪滚滚，使空气层的密度从下至上逐渐增大，因而产生下现蜃景。

无论哪一种海市蜃楼，只能在无风或风力极微弱的天气条件下出现。当大风一起，引起了上下层空气的搅动混合，上下层空气密度的差异减小了，光线没有什么异常折射和全反射，那么所有的幻景就立刻消逝了。

**蝉之趣**



夏天，什么动物是最显眼的呢？其实不用问，大家都知道，那一定是蝉了。

蝉——大自然的歌手

夏天是蝉生长活动的最佳时期。蝉的幼虫生活在土中，刺吸植物根部汁液，削弱树势，使枝梢枯死，影响树木生长。蚱蝉的幼虫一生在土中生活。将要羽化时，于黄昏及夜间钻出土表，爬到树上，然后抓紧树皮，蜕皮羽化。6 月末，幼虫开始羽化为成虫，最长寿命长 60～70 天。7 月下旬，雌成虫开始产卵，8 月上、中旬为产卵盛期，卵多产在 4～5 毫米粗的枝梢上。雌成虫产卵时，先用产卵器刺破树皮，将产卵器插入枝条组织中，造成爪状卵孔，然后产卵于木质部内。每个产卵孔有卵 6～8 粒。一个枝条上所布蝉卵，多者达 90 余粒。此虫严重发生地区，至秋末常见满树干枯枝梢。所产的卵至次年6月中孵化。幼虫孵出后，由枝上落于地面，随即钻入土中。幼虫在土中生活若干年，共蜕皮5次。每当春暖时，幼虫即向上移动，吸食植物根的汁液，秋去冬来时，则又深入土中，以避寒冷。幼龄幼虫身体多为白色或黄色，很柔软，额显著膨大。老龄幼虫身体较坚硬，黄褐色，翅芽非常发达，自头顶至后胸背中央，有一道蜕皮线，为羽化成虫时的开裂线。

酷夏的晚上，蝉在树上“吱吱”地叫着，如果这时你去攻击它，往往会有一股似污水的液体从树叶丛中洒下来，那是蝉的尿。蝉的食物，主要是树的汁液。蝉的嘴像一只硬管，它把嘴插入树干，一天到晚地吮吸汁液，把大量营养和水分吸到体内，用来延长寿命。当遇到攻击时，它便急促地把贮存在体内的废液排到体外，用来减轻体重以便起飞，以及起到自卫的作用。蝉排泄与其他昆虫不一样，它的粪液都贮存在直肠囊里，紧急时随时都能把屎尿排出体内。蝉有两对膜质的翅膀，翅脉很硬，蝉休息时，翅膀总是覆盖在背上。蝉是很少自由自在地飞翔，只有采食或受到骚扰时时候，才从一棵树飞到另一棵树。有趣的是，蝉能一边用吸管吸汁，一边用乐器唱歌，饮食和唱歌互不妨碍，蝉的鸣叫能预报天气，如果蝉很早就在树端高声歌唱起来，这就告诉人们“今天天气很热”。



**绿荷消夏**

古诗有云：“接天莲叶无穷碧，映日荷花别样红。”荷花的景观是夏季一道靓丽的风景线。

作四季有花可赏中的夏花：四时景观的不同，是中国造园家恪守的造园规则，如梅花耐冬，柳丝迎春，绿荷消夏，桐叶惊秋。荷花的绿色观赏期长达8个月，群体花期在2~3月。夏秋时节，人乏蝉鸣，桃李无言，亭亭荷莲在一汪碧水中散发着沁人清香，使人心旷神怡。

荷花的生长规律是：一面开花，一面结实，蕾、花、莲蓬并存。它在长江流域的物候期为；4月上旬萌芽，中旬浮叶展开；5月中下旬立叶挺水；6月上旬始花，6月下旬至8月上旬为盛花期；9月中旬为末花期。7~8月为果实集中成熟期；9月中下旬为地下茎（藕）成熟期；10月中下旬为茎叶枯黄期。然后进入休眠。整个生育期共160～190天。荷花喜湿怕干，喜相对稳定的静水，不爱涨落悬殊的流水。池塘植荷以水深0.3～1.2米为宜。初植种藕，水位应在20～40厘米之间。在水深1.5米处，就只见少数浮叶，不见立叶，便不能开花。荷花的根茎种植在池塘或河流底部的淤泥上，而荷叶挺出水面。在伸出水面几厘米的花茎上长着花朵。荷花一般长到150厘米高，横向扩展到3米。荷叶最大可达直径60厘米。引人人注目的莲花最大直径可达20厘米。如立叶淹没持续10天以上时，便有覆灭的危险。在生长季节失水，只要泥土尚湿，还不致死亡，可是生长减慢了，在10天之内灌水可以恢复。如泥土干裂持续3～5天，叶便枯焦，生长停滞；再持续断水4～5天，种藕便会干死。荷花喜热，栽植季节的气温至少需15℃以上，入秋气温低于15℃时生长停滞。整个生长期内，最适宜为20℃～30℃。当气温高至41℃（水温只有26℃～27℃）时对生长无影响。冬季气温降至0℃以下，盆栽种藕易受陈。荷花喜光，不耐阴。在强光下生长发育快，开花早，但凋萎也早；在弱光下生长发育虽慢，开花迟，但凋萎也迟。荷花对土壤选择不严，以富含有机质的肥沃黏土为宜。适宜的pH值为6.50。病虫害少，抗氟能力强，对二氧化硫毒气有一定抗性。地下茎和根，对含有强度酚、氰等有毒的污水，会失去抵抗力而消亡。

出淤泥而不染——荷花



**夏季甜美可口的水果**

夏季不可不吃的水果是什么呢？当然是最甜美可口的西瓜了。

西瓜果实为夏季主要水果。成熟果实除含有大量水分外，瓤肉含糖量一般为5%～12%，包括葡萄糖、果糖和蔗糖。甜度随成熟后期蔗糖的增加而增加。不含淀粉，采后贮藏期间甜度会因双糖水解为单糖而降低。瓜子

甜美可口的水果

可作茶食，瓜皮可加工制成西瓜酱。在中医学上以瓜汁和瓜皮入药，功能清暑解热。

西瓜堪称瓜中之王，因在汉代时从西域引入，故称西瓜。西瓜亦属葫芦科一年生草本植物，原产非洲，目前除少数边远寒冷地区外，国内各地均有种植，果味甘甜而性寒。



西瓜是夏天的典型水果，也是夏季的主要水果，在炽热的夏日或气温闷热的热带夜晚，只要有冷冻的西瓜，便具有消除暑热的效果。

当然，在夏季还有许多水果，例如桃、西瓜、香瓜、香蕉、杏、李子、葡萄、哈密瓜、猕猴桃……可以让我们在夏天可以大饱口福了。

**动物夏眠**

非洲有一种夏眠狗，十分怕热。在“三伏天”里，它总是找个凉爽的避暑地，一觉睡上 20 多天。

非洲马达加斯加岛上，有一种以蚯蚓为食的箭猪。由于炎热的夏天，蚯蚓不能在较浅的地表层生活，箭猪没有了食物，也只好进入长时间的夏眠。

在非洲、美洲和澳大利亚的江河里生活着一种奇特的肺鱼。这种鱼长 1～2米，既有鳃，还有肺。当烈日使河水蒸发，造成几个月的干涸期时，肺鱼便钻入泥中，不吃不喝，一直睡到雨季到来。

南非有一种树鱼，到了“赤日炎炎似火烧”的夏天，它便上岸，爬到树杈的阴面，一睡就是一个多月。

非洲大沙漠里的蜗牛，干旱少雨的盛夏一来，它就钻到壳里酣睡起来，看上去像个空壳藏在沙砾中。天气一转凉，沙漠里降了雨，它又吸足水分爬出来活动。

生活在多瑙河沿岸水域里的泥鳅，到了夏天河水干枯时，它就钻进泥浆里不吃不喝，进入夏眠状态，只靠它那特殊的肠子来呼吸空气，维持其生命。

在南非西部有一种个头肥大的野兔子，它体内脂肪丰富，畏暑怕热。所以，它在盛夏的两个多月，几乎不吃东西，整日躺在洞里睡大觉。

非洲肺鱼是最有名的夏眠生物，当雨水充沛的时候，它可以用鳃痛快地呼吸。等到了干旱季节，沼泽地带干涸了，非洲肺鱼便钻进烂泥堆里睡眠。由于天气炎热，外面的泥堆早已被烘干，无形中成了一个泥洞，非洲肺鱼用嘴打开一个“小天窗”，然后自己又从皮肤上渗出一种黏液，使泥洞的壁变硬。它通过洞口，用肺呼吸外面的新鲜空气。它能在泥洞里不吃不喝地夏眠几个月，待到雨季来临，便又会重新回到水中生活。



撒哈拉大沙漠中有一种大蜘蛛，每到夏季，它便自己挖成一口直径 2.5 厘米、深 40 厘米的井，并在井口处吐丝结一张大网，以遮挡夏日炽烈的阳光，然后躲进井底开始睡眠。

非洲东南部印度洋中马达加斯加岛上住着一种小狐猴，它只有 20 厘米，胖乎乎的，两只眼睛大大的，尾巴比身躯稍短，在酷暑干燥的季节，有夏眠的习性，此时依靠尾巴里所贮存的脂肪来维持生命。

我国新疆伊犁霍城县境内有一种四爪陆龟，这种龟不像普通乌龟那样每肢上长有五爪，而是每肢上只有四爪，且趾间无蹼，不会游泳，只能终生呆在陆地上，穴居生活，故又称旱龟、草原龟。四爪陆龟全年要有 300 多天的时间钻入沙中，它不但冬眠，而且还要夏眠。

黑眉蝮蛇主要存在于辽东半岛南端大连旅顺的一个自然保护区蛇岛上。它们像其他蛇类一样会冬眠，但在夏季蛇类最活跃的时候却也要夏眠，那是因为它们不只冬天找不到食物，夏天也找不到。这座蛇岛只有黑眉蝮蛇一种动物，其他动物由于千万年前的地壳运动使岛变成孤岛后慢慢绝迹，只剩下黑眉蝮蛇忍耐力极强的爬行动物。它们为了生存下去，可以很久不吃东西，只在春秋候鸟经过的时候捕食鸟儿，所以冬天和夏天就只能冬眠以及夏眠了。

海参生活在海藻茂密的海底岩石缝里和浅海底部泥沙里，是一种全身长满肉刺的动物。因为海参以小生物为主食，当海底生物多的时候，它过着舒服日子。然而，海底里的生物，随着海水温度的变化，也在发生变化。海底的小生物对于海水冷热变化是十分敏感的，白天海面水暖，它们就会上浮；夜晚水冷，它们就退回海底。因此，日升夜沉就是海里小生物的生活习惯。入夏以后，因为太阳光强烈照射，上层海水温度较高，这时海底里的小生物都浮在海面，进行一年一度的大量求食和繁殖活动。而留在海底里的海参，却迫于夏季食物中断，寸步难行，无能为力，只好进入夏眠了。这是生物适应环境养成的习惯。

在北美洲，每当酷暑到来的时候，某些地区的花粟鼠和带有斑纹的松鼠，一反蹦蹦跳跳的常态，将身子蜷缩起来，躺在自己用树叶铺成的“卧室”中，酣睡不醒。这时候，它们身体冰凉，仿佛死去了一般。过了一段时间，当暑威渐消，天气转凉的时候，这些小家伙又活动如常了。



## 秋高气爽的秋天

秋季是收获的季节，很多植物的果实在秋季成熟。在北半球亚热带地区相对于夏季，秋季的气温明显下降。随着气温的下降，许多落叶多年生植物的叶子会渐渐变色、枯萎、飘落，只留下枝干度过冬天。而一年生的草本植物将会步入它们生命的终结，整个枯萎死去。

秋季，夏季风逐步减弱，并向冬季风的过渡，气旋活动频繁，锋面降水较多，气温冷暖变化较大。初秋，易出现淅淅沥沥的阴雨天气；仲秋，受高压天气系统控制，易出现天高云淡、风和日丽的秋高气爽天气，即所谓“十月小阳春”天气；深秋，北方冷空气影响开始增多，冷与暖、晴与雨的天气转换过程频繁，气温起伏较大。

秋季的气温会逐渐下降，但是一般较冬季缓慢。由于干湿状况的差异，不同地区会出现阴冷多雨，或干燥凉爽的气象状况。在较冷的深秋，由于昼夜温差大，白天蒸腾的水汽会在夜间凝结，或为露，或为霜。

### 凝结的冰晶——霜

在寒冷季节的清晨，草叶上、土块上常常会覆盖着一层霜的结晶。它

们在初升起的阳光照耀下闪闪发光，待太阳升高后就融化了。人们常常把这种现象叫“下霜”。翻翻日历，每年10月下旬，总有“霜降”这个节气。我们看到过降雪，也看到过降雨，可是谁也没有看到过降霜。其实，霜不是从天空降下来的，而是在近地面层的空气里形成的。

霜是一种白色的冰晶，多形成于夜间。少数情况下，在日落以前太阳斜照的时候也能开始形成。通常，日出后不久霜就融化了。但是在天气严寒的时候或者在背阴的地方，霜也能终日不消。

凝结的冰晶——霜

霜本身对植物既没有害处，也没有益处。通常人们所说的“霜害”，实际上是在形成霜的同时产生的“冻害”。

霜的形成不仅和当时的天气条件有关，而且与所附着的物体的属性也有关。当物体表面的温度很低，而物体表面附近的空气温度却比较高，那么在空气和物体表面之间有一个温度差，如果物体表面与空气之间的温度差主要是由物体表面辐射冷却造成的，则在较暖的空气和较冷的物体表面相接触时空气就会冷却，达到水汽过饱和的时候多余的水汽就会析出。如果温度在0°C以下，则多余的水汽就在物体表面上凝华为冰晶，这就是霜。因此霜总是在有利于物体表面辐射冷却的天气条件下形成。

另外，云对地面物体夜间的辐射冷却是有妨碍的，天空有云不利于霜的形成，因此，霜大都出现在晴朗的夜晚，也就是地面辐射冷却强烈的时候。

此外，风对于霜的形成也有影响。有微风的时候，空气缓慢地流过冷物体表面，不断地供应着水汽，有利于霜的形成。但是，风大的时候，由于空气流动得很快，接触冷物体表面的时间太短，同时风大的时候，上下层的空气容易互相混合，不利于温度降低，从而也会妨碍霜的形成。大致说来，当风速达到3级或3级以上时，霜就不容易形成了。

霜的形成，不仅和上述天气条件有关，而且和地面物体的属性有关。霜是在辐射冷却的物体表面上形成的，所以物体表面越容易辐射散热并迅速冷却，在它上面就越容易形成霜。同类物体，在同样条件下，假如质量相同，其内部含有的热量也就相同。如果夜间它们同时辐射散热，那么，在同一时间内表面积较大的物体散热较多，冷却得较快，在它上面就更容易有霜形成。这就是说，一种物体，如果与其质量相比，表面积相对大的，那么在它上面就容易形成霜。草叶很轻，表面积却较大，所以草叶上就容易形成霜。另外，物体表面粗糙的，要比表面光滑的更有利于辐射散热，所以在表面粗糙的物体上更容易形成霜，如土块。

霜的出现，说明当地夜间天气晴朗并寒冷，大气稳定，地面辐射降温强烈。这种情况一般出现于有冷气团控制的时候，所以往往会维持几天好天气。我国民间有“霜重见晴天”的谚语，道理就在这里。



**晶莹剔透的露水**

在秋季的早晨，我们常可以在一些草叶上看到一颗颗亮晶晶的小水珠，这就是露。那么，露是怎么形成的呢？

晶莹剔透的露水

露是空气中水汽以液滴形式液化在地面覆盖物体上的液化现象。夜间气温下降，越近地面冷却越快，形成与白天相反的下冷上热的温度分布，当地面温度冷却到使贴地面空气中的水汽含量达到饱和时，地面物体上开始观察到露滴生成。露珠是露的别名，它从夜幕降临到阳光初照是降落在花朵上，总是悄然无息。露水四季皆有，秋天特别多。露水需在大气较稳定，风小，天空晴朗少云，地面热量散失快的天气条件下才能形成。如果夜间天空有云，地面就像盖上一条棉被，热量碰到云层后，

一部分折回大地，另一部分则被云层吸收，被云层吸收的这部分热量，以后又会慢慢地放射到地面，使地面的气温不容易下降，露水就难出现；如果夜间风较大，风使上下空气交流，增加近地面空气的温度，又使水汽扩散，露水也很难形成。

露和霜一样，也大都出现于天气晴朗、无风或微风的夜晚。同时，容易有露形成的物体，也往往是表面积相对地大的、表面粗糙的、导热性不良的物体。有时，在上半夜形成了露，下半夜温度继续降低，使物体上的露珠冻结起来，这叫做冻露。有人把它归入霜的一类，但是它的形成过程是与霜不同的。

露一般在夜间形成，日出以后，温度升高，露就蒸发消失了。

古时候，人们以为露水是从别的星球上掉下来的宝水，所以许多民间医生及炼丹家都注意收集露水，用它来医治百病及炼就“长生不老丹”。



农作物生长的季节里，常有露出现。它对农业生产是有益的。露水像雨一样，能滋润土壤起到帮助植物生长的作用。在我国北方的秋季遇到缺雨干旱时，农作物的叶子有时白天被晒得卷缩发干，但是夜间有露，叶子就又恢复了原状。人们常把“雨露”并称，就是这个道理。

### 华西秋雨

华西秋雨，是我国西部地区秋季多雨的特殊天气现象。它主要出现在四川、重庆、贵州、云南、甘肃东部和南部、陕西关中和陕南、湖南西部、湖北西部一带。其中尤以四川盆地和川西南山地及贵州的西部和北部最为常见。

华西秋雨一般出现在9~11月，最早出现日期有时可从8月下旬开始，最晚在11月下旬结束。但主要降雨时段是出现在9、10两个月。“华西秋雨”的主要特点是雨日多，而另一个特点是以绵绵细雨为主，所以雨日虽多，但雨量却不很大，一般要比夏季少，强度也弱。

平均来讲，华西秋雨的降雨量一般多于春季，仅次于夏季，在水文上则表现为显著的秋汛。秋雨的年际变化较大，有的年份不明显，有的年份则阴雨连绵，持续时间长达1月之久。

华西秋雨是四川盆地的一个显著的气候特色。四川盆地，秋季平均每月的雨日数，在13～20天，即平均每3天有1.5～2天有雨，较同时期我国其他地区明显为多，但盆地里秋季降水的强度在一年四季里是最小的，也就是说，秋季降水以小雨为主，是典型的绵绵秋雨。

从古到今，四川盆地的绵绵秋雨就十分引人注目。唐代文学家柳宗元曾用“恒雨少日，日出则犬吠”来形容四川盆地阴雨多、日照少的气候特色，以后便演变成了著名的成语“蜀犬吠日”，比喻少见多怪。

形成原因

华西秋雨天气的形成无疑是冷暖空气相互作用的结果。每年进入9月以后，华西地区在5500米上空处在西北太平洋副热带高压和伊朗高压之间的低气压区内。西北太平洋副热带高压西侧或西北侧的西南气流将南海和印度洋上的暖湿空气源源不断地输送到这一带地区，使这一带地区具备了比较丰沛的水汽条件。同时随着冷空气不断从高原北侧东移或从我国东部地区向西部地区倒灌，冷暖空气在我国西部地区频频交汇，于是便形成了华西秋雨。



秋季频繁南下的冷空气与滞留在该地区的暖湿空气相遇，使锋面活动加剧而产生较长时间的阴雨，平均来讲，降雨量一般多于春季，仅次于夏季，在水文上则表现为显著的秋汛。

当冷空气势力较强时，冷暖空气交汇比较激烈，降雨强度也会随之加大，同样也可造成严重的洪涝灾害。

白虎志、董文杰在《华西秋雨的气候特征及成因分析》（载自《高原气象》）一文中认为，在分析华西秋雨气候特征的基础上，设计了综合考虑秋季降水量和降水日数的秋雨指数，并进行了EOF和REOF分解以及秋雨主要影响因素分析。结果表明：第一模态反映了长江中上游以北地区与以南地区降水相反的形势，第二模态反映了华西降水的一致性；REOF将华西秋雨可分为6个气候区。华西秋雨的变化趋势表明，20世纪60～70年代初期、80年代初期为相对多秋雨期，70年代中后期、80年代中后期到20世纪末华西秋雨相对较少，21世纪开始又出现了较明显的华西秋雨现象。西太平洋副热带高压、印缅槽、贝加尔湖低槽是华西秋雨的主要影响系统，

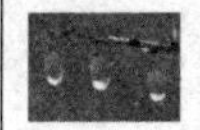

当贝加尔湖、印缅槽深且副热带高压强时，有利于华西多秋雨；反之，则秋雨不明显。

对农业的影响

华西秋雨雨日多，以绵绵细雨为主。阴雨天气导致气温下降，会对农作物生产带来不利影响。成熟的秋粮易发芽霉变，未成熟的秋作物生长期延缓，容易遭受冻害。一般来说，持续连阴雨的天数越长，对农作物的危害越大。如果我们把连续3天或3天以上出现降雨视为一次连阴雨过程，可以看出，连阴雨过程次数最多的是四川盆地南部和贵州的遵义、毕节等地，每年秋季平均有7~9次。平均最长连阴雨过程是在贵州西部和四川宜宾、邵觉及四川盆地以西地区，有10~11天，四川阿坝达14天；极端最长连阴雨过程在四川西部地区，一次过程可达20天以上。



秋天是收获的季节，也是冬作物播种、移栽的季节。绵绵细雨阻挡了阳光，带来了低温，不利于玉米、红薯、晚稻、棉花等农作物的收获和小麦播种、油菜移栽。它可以造成晚稻抽穗扬花期的冷害，空秕率的增加；也可使棉花烂桃，裂铃吐絮不畅；秋雨多的年份，还可使已成熟的作物发芽、霉烂，以致减产甚至失收。而且它不仅影响当年作物的收成，也将影响来年作物的产量。

“华西秋雨”虽然没有台风、暴雨所造成的灾害来得那样猛烈，但它同样给农业生产和国民经济建设带来非常大的损失。然而秋雨多，有利于水库、池塘及冬水田蓄水、预防来年的春旱。特别是对西北一些较干旱的地区来说，这时地温较高，土质结构比较疏松，雨水可以较深地渗透到土壤中，可保证冬小麦播种、出苗，同时土壤的蓄水保墒，也可减轻次年春旱对各种农作物的威胁，故有农谚“你有万担粮，我有秋里墒”的说法。

**秋季杀手——寒露风**

寒露风是南方晚稻生育期的主要气象灾害之一。每年秋季“寒露”节气前后，是华南晚稻抽穗扬花的关键时期，这时如遇低温危害，就会造成空壳、瘪粒，导致减产，通常称为“寒露风”。新中国成立后，双季稻逐渐向北扩大到长江中下游一带，这些地区晚稻在9月中下旬进入抽穗扬花期，同样易遭受低温危害，但习惯上仍沿用“寒露风”一词，长江中游有的地区称“社风”或“秋分风”，长江下游称“翘穗”或“不沉头”，在长江流域有“秋分不出头，割了喂老牛”之说。虽然出现的时间和称呼不同，但实质上都是秋季低温给晚稻抽穗扬花、灌浆造成的危害。

寒露风的危害

晚稻生育阶段对低温较敏感的有 3 个时期：（1）幼穗分化期（抽穗前 25 ~ 30 天）。（2）花粉母细胞减数分裂期（抽穗前 10 ~ 15 天）。（3）抽穗开花期。其中，以抽穗开花期遭到寒露风危害的概率较大，减数分裂期受低温危害机率较小，但遭遇后危害较重，而幼穗分化期则基本上不受低温危害。

遭遇寒露风后

减数分裂期对低温最敏感，主要是雄蕊受害，使花粉不能正常成熟或成熟度较差，造成空粒或穗粒畸形、变态等现象，导致减产。

抽穗扬花期遇低温，主要使花粉粒不能正常成熟、正常受精，而造成空粒；在低温条件下，抽穗速度减慢，抽穗期延长，颖花不能正常开放、散粉、受精，子房延长受阻等，因而造成不育，使空粒显著增加。另外，在灌浆前期如遇明显低温，也会延缓或停止灌浆过程，造成瘪粒，水稻的植物营养生理也受到抑制，有的甚至出现秄粒未满而禾苗已先枯死的现象。

一般情况下，寒露风严重的年份，晚稻产量就明显降低。造成寒露风危害的因素较多，但主要是低温。一般在抽穗扬花期，低温出现越早、温度越低、低温出现时间越长，受害就越重，若伴有大风、阴雨或过于干燥，则加重其危害。如华南沿海一带，当冷空气南下与台风相遇时，风力较大，并伴有大雨、暴雨或连阴雨，日照短缺，不仅影响晚稻抽穗扬花，而且造成机械损伤，危害更大。

寒露风的防御

寒露风对双季晚稻危害很大，必须采取积极的防御措施：

1. 掌握寒露风出现规律和双季晚稻的安全齐穗期（指双季晚稻抽穗开花期间80%以上的年份不会受到寒露风危害的日期），合理搭配品种。即根据寒露风出现的早晚选择品种，安排适宜的播种期，使其安全齐穗，避免寒露风的危害。

2. 科学运用寒露风预测，合理安排生产。寒露风的长期预测，可提供各级领导和农民朋友安排双季晚稻生产时参考。如在寒露风早的年份可多种些早熟品种，甚至适当缩小双季晚稻的种植面积；晚的年份可多种些晚熟品种等。

3. 选育抗低温高产品种。

4. 加强田间管理，合理施肥，科学用水，增强根系活力和叶片的同化能力，使植株生长健壮，提高植株的抗低温能力。

5. 采取相应的农业措施，改善农田小气候。如冷空气来临前，采用以水调温的措施，一般用温度较高的河水进行夜灌（白天排空晒田）和灌深水或喷水，使株间温度相对较高；另外，喷洒化学保温剂，即将保温剂喷在叶面或滴入水中形成膜状，抑制水分蒸发，减少耗热，使温度不降低或降温速度减慢等保温措施，以减轻低温危害等。

**秋风落叶**

每年秋天，路边的叶子都会变黄、脱落，这是为什么呢？这是因为当秋天悄然来临的时候，空气变得干燥起来，树叶里的水分通过叶表面的很多空隙大量蒸发，同时，由于天气变冷，树根的作用减弱，从地下吸收的水分减少，使得水分供不应求。如果这样下去，树木就会很快枯死，为了继续生存下去，在树叶柄和树枝相连形成离层（叶柄本来是硬挺挺地长在树枝上的，到了秋天，随着气温的下降，叶柄基部就形成了几层很脆弱的薄壁细胞。由于这些细胞很容易互相分离，所以叫做离层。）离层形成以后，稍有微风吹动，便会断裂，于是树叶就飘落下来了。由于水分不再往树叶输送，树叶脱落以后，剩下光秃秃的枝干，树木对水分的消耗减少了，使得树木可以安全地过冬了，所以树木落叶也是有益的。

秋风落叶



秋天的树木都要落叶吗？不是的，像松柏这类的树木人们常形容它“万古长青”，似乎叶子不黄，不凋落，但我们往松柏林里走一走，也会发现地面上总会有层层落叶的。松柏属于常绿植物，它们叶子的寿命比落叶的叶子长得多。松树的针叶可以活3～5年，并且它们不像落叶植物那样在老叶脱落以后新叶才长出来，而是新叶出生以后，老叶才先先后后地脱落下，于是树木就保持了常年绿的模样，始终不会变得光秃秃了。

注意观察一下，秋天的时候，越是挂在树梢的叶子越是最后落下。这是因为树木在生长的过程中，总是力求向更大的空间发展，因此它总是将大量的营养成分痛痛快快地输送到树枝里，好让树枝更快地向外生长。树梢在树体营养的供应下，一节节地向上长，在向上生长的过程里又不断地长出新叶这些新有担当大树制造“口粮”的任务。树梢一直享受着营养的待遇，当大树不再提供营养，其他的部分差不多都落叶的时候，树梢还能靠以前的“储蓄”使短期内叶绿素没有遭到破坏。这样的枝梢的叶子就是大树上最后才落下来的叶子了。

**北雁南飞**

大雁又称野鹅，天鹅类，大型候鸟，属国家二级保护动物。大雁热情十足，能给同伴鼓舞，用叫声鼓励飞行的同伴。

大雁是出色的空中旅行家。每当秋冬季节，它们就从老家西伯利亚一带，成群结队、浩浩荡荡地飞到我国的南方过冬。第二年春天，它们经过长途旅行，回到西伯利亚产蛋繁殖。大雁的飞行速度很快，每小时能飞68～

90 千米，几千千米的漫长旅途得飞上一两个月。

北雁南飞

在长途旅行中，雁群的队伍组织得十分严密，它们常常排成人字形或一字形，它们一边飞着，还不断发出“嘎、嘎”的叫声。大雁的这种叫声起到互相照顾、呼唤、起飞和停歇等的信号作用。

那么，大雁保持严格的整齐的队形即排成“人”或“一”字形又是为了什么呢?

原来，这种队伍在飞行时可以省力。最前面的大雁拍打几下翅膀，会产生一股上升气流，后面的雁紧紧跟着，可以利用这股气流，飞得更快、更省力。这样，一只跟着一只，大雁群自然排成整齐的“人”字形或“一”字形。而且因为它们整天地飞，单靠一只雁的力量是不够的，必须互相帮助，才能飞得快飞得远。有劲的大雁在扑翅膀飞的时候，翅膀尖扇起一阵风，从下面往上面送，就把小雁轻轻地抬起来，长途跋涉的小雁就不会掉队。

另外，大雁排成整齐的“人”字形或”一”字形，也是一种集群本能的表现。因为这样有利于防御敌害。雁群总是由有经验的老雁当“队长”，飞在队伍的前面。幼鸟和体弱的鸟，大都插在队伍的中间。停歇在水边找食水草时，总由一只有经验的老雁担任哨兵。如果孤雁南飞，就有被敌害吃掉的危险。

但“头雁”因为没有这股微弱的上升气流可资利用，很容易疲劳，所以在长途迁徙的过程中，雁群需要经常地变换队形，更换“头雁”。它们的行动很有规律，有时边飞边鸣，不停地发出“伊啊，伊啊”的叫声。迁徙大多在黄昏或夜晚进行，旅行的途中还要经常选择湖泊等较大的水域进行休息，寻觅鱼、虾和水草等食物。每一次迁徙都要经过 1 ~ 2 个月的时间，途中历尽千辛万苦。但它们春天北去，秋天南往，从不失信。不管在何处繁殖，何处过冬，总是非常准时地南来北往。我国古代有很多诗句赞美它们，例如“八月初一雁门开，鸿雁南飞带霜来”；陆游的“雨霁鸡栖早，风高雁阵斜”；韦应物的“万里人南去，三春雁北飞”（《南中咏雁》）；“孟春之月鸿雁北，孟秋之月鸿雁来”（《吕氏春秋》）等。

**蟋蟀鸣秋**

蟋蟀是象征秋季的昆虫。

蟋蟀又叫做“促织”、“趋织”、“吟蛩”、“蛐蛐儿”。

蟋蟀一般在夏季的 8 月开始鸣叫，野外通常在 20℃ 时鸣叫得最欢，10 月下旬气候转冷时即停止鸣叫。它每年产 1 代卵，产卵在土中以卵越冬。雄虫遇雌虫时，其鸣叫声可变为：“唧唧吱、唧唧吱”，交配时则发出带颤的“吱……”声。

蟋蟀鸣秋

蟋蟀是一种古老的昆虫，至少已有 1.4 亿年的历史。每个宁静的秋夜，草丛中便会传来阵阵清脆悦耳的鸣叫声。蟋蟀优美动听的歌声并不是出自它的好嗓子，而是它的翅膀。仔细观察，你会发现蟋蟀在不停地震动双翅，难道它是在振翅欲飞吗？当然不是了，翅膀就是它的发声器官。因为在蟋蟀右边的翅膀上，有一个像锉样的短刺，左边的翅膀上，长有像刀一样的硬棘。左右两翅一张一合，相互摩擦。振动翅膀就可以发出悦耳的声响了。每到繁殖期，雄性蟋蟀会更加卖力地震动翅膀，用动听的歌声，寻找佳偶。其中歌王当属长颚蟋蟀。体长可达 20 毫米左右，触角长约 35 毫米，因两颗大牙向前突出，故名长颚蟋蟀，俗称克斯。

**寒秋之魂——菊花**

菊花一般秋季开花，故又名秋菊。

菊花是中国十大名花之一，在中国已有 3000 多年的栽培历史，中国菊花传入欧洲，约在明末清初开始。中国历代诗人画家，以菊花为题材吟诗作画众多，因而历代歌颂菊花的大量文学艺术作品和艺菊经验，给人们留下了许多名谱佳作，并将流传久远。

寒秋之魂——菊花

菊花历来被视为孤标亮节、高雅傲霜的象征，代表着名士的斯文与友情。菊花因其在深秋不畏秋寒开放，深受中国古代文人的喜欢，多有诗文加以赞美，如东晋大诗人陶渊明著有“采菊东篱下，悠然见南山”的名句。

菊花是我国传统名花，有悠久的栽培历史。菊花不仅供观赏，布置园林，美化环境，而且用途广泛，可食、可酿、可饮、可药，与人民群众的生活密切相联系。菊花有其独特的观赏价值，人们欣赏它那千姿百态的花朵，姹紫嫣红的色彩和清隽高雅的香气，尤其在百花纷纷枯萎的秋冬季节，菊花傲霜怒放，它不畏寒霜欺凌的气节，也正是中华民族不屈不挠精神的体现。

中国人极爱菊花，从宋代起民间就有一年一度的菊花盛会。古神话传说中菊花又被赋予了吉祥、长寿的含义。如菊花与喜鹊组合表示“举家欢乐”；菊花与松树组合为“益寿延年”等，在民间应用极广。

**秋季的杰作——火红的枫叶**

秋高气爽之时，登高远眺，一片片火红的枫叶尽收眼底，这是秋季的最美丽的景色之一。

枫叶，形似手掌，是草本植物。当秋天时，那一片片，一簇簇火红的枫叶看上去那么热情，那么充满生机，就像早晨的太阳一样火红，用“停车坐爱枫林晚，霜叶红于二月花”来形容。

火红的枫叶



落叶树种在秋冬的时候，体内会产生一些化学反应，让原本树叶中所含的物质或部份组织分解之后，回收储藏在茎或根的部位，来年春天的时候可以再利用，叶绿体、叶绿素就是被分解回收的对象之一，因此当叶子里的叶绿素没有了的时候，其他色素的颜色彰显出来，如花青素的红色、胡萝卜素的黄色，叶黄素的黄色等。因为叶绿素的含量较大而遮盖了其他颜色，使叶片呈绿色。除此之外，枫叶中贮存的糖分还会分解转变成花青素，使叶片的颜色更加艳红。

枫叶没有5个“手指”就不是枫叶，这是枫叶的特色。枫叶在人们心目中更是一种精神象征，由于枫叶的特殊性，人们常用它来象征坚毅。

## 寒风刺骨的冬天

冬季在南北半球所处的时间不同。在南半球，冬季在6~8月份，在北半球，冬季在12、1、2月份。在中国，冬季从立冬开始，到立春结束，西方人则普遍称冬至至春分为冬季。从气候学上讲，平均气温连续5天低于10℃算作冬季。

冬季在很多地区都意味着沉寂和冷清。生物在寒冷来袭的时候会减少生命活动，很多植物会落叶，动物会选择休眠，有的称作冬眠。候鸟会飞到较为温暖的地方越冬。

### 我国冬季南北温度差异

这个跟我国的地理位置，南北不同气候特点有着非常密切的关系。归纳来看主要有这么几点：

1. 我国幅员辽阔。南北距离远，地理角度来说是南方低纬度北方高纬度，相差30多度。太阳在北半球冬季时直射南半球，导致南方太阳辐射强度和日照时间都强于或者长于于北方，温度较高。这个是纬度位置的原因，纬度位置不同导致太阳辐射不同。

而夏天呢，夏天太阳直射北半球，虽然辐射强度南方仍然大于北方，可是日照时间北方却长于南方，这样南北太阳辐射量的差别就不会想冬季这么大。温度差别也就没有这么大。

2. 北方，冬季受蒙古西伯利亚的冷高压影响，经常有冷空气南下形成寒潮，使气温大大降低。南方则受来自海洋的暖湿气流影响，冬季大多是温和的。这个是气候的原因。

3. 东西走向的山脉比如秦岭阻挡了冷气团的南下，使南方气温偏高而北方气温很底，温差自然就大了。这个是地形的原因。



在多个地理因素（太阳辐射、气候、地形）的综合作用下，使得我国南北温差冬季比夏天大很多。

**植物度过寒冬的奥秘**

耐寒植物能度过寒冬

冬天天气寒冷，各种植物仍能度过严寒的冬季，来年继续生长、开花、结果。奥秘在哪里呢？

原来植物在寒冷到来之前，在生理上相应地做出各种适应性反应：如可溶性糖度的提高，就可以提高细胞溶液浓度，使水点降低。还可以缓冲原生质过度脱水，保护原生质胶体不致遇冷凝固。另外糖分子还有巨大的表面活动能力，可以吸附在细胞器的表面之上，减弱它们的生命能力。细胞内糖多，渗透压加大，保留水分多，减少外出结冰。还有的植物通过降低自身含水量，以适应低温条件，安全度过寒冷的冬季。

当初冬温度降到5℃左右，冬小麦的地上生长基本停止，但光合作用仍继续缓慢进行，这时所合成的产物并不转化成淀粉或其他非溶性物质，而是以可溶性糖类（主要是葡萄糖）积存于细胞中。由于冬季麦苗叶绿素形成少，细胞呈中性或微酸性，此时，麦苗颜色开始变红，这才是麦苗抗寒能力强，生长正常的一种标志。

果树花芽也能安全越冬，才能使来年花开满树，结出丰收的果实。这主要靠得是花芽内部含水量的变化。当气温下降时，花芽迅速排出内部的水，使芽内的汁液达到高度浓缩的程度。这种高浓度汁液具有极强的抗冻能力，它在严寒时也不会结冰因此，防止了细胞膜由于冰冻而引起破裂，即使气温下降到零下30℃时，花芽内细胞仍能安然无恙。



**降雪的种种**

水是地球上各种生灵存在的根本，水的变化和运动造就了我们今天的世界。在地球上，水是不断循环运动的，海洋和地面上的水受热蒸发到天空中，这些水汽又随着风运动到别的地方，当它们遇到冷空气，形成降水又重新回到地球表面。这种降水分为2种：①液态降水，这就是下雨；②固态降水，这就是下雪或下冰雹等。

冬天的降雪

大气里以固态形式落到地球表面上的降水，叫做大气固态降水。雪是大气固态降水中的一种最主要的形式。冬季，我国许多地区的降水，是以雪的形式出现的。由于降落到地面上的雪花的大小、形状、以及积雪的疏

密程度不同，雪是以雪融化后的水来度量的。气象上一般把雪按 24 小时内降水量分为 4 个等级：0.1～2.4 毫米的雪称为小雪；2.5～4.9 毫米的雪称为中雪；5.0～9.9 毫米的雪称为大雪；10 毫米以上（含 10 毫米）的雪称为暴雪。从降水量看，即使暴雪的量级也仅仅相当于雨量中的中雨。粗略地估计，10 毫米深的积雪仅能融化为 1 毫米的水。

在天空中运动的水汽怎样才能形成降雪呢？是不是温度低于零度就可以了？不是的，水汽想要结晶，形成降雪必须具备两个条件：

一个条件是水汽饱和。空气在某一个温度下所能包含的最大水汽量，叫做饱和水汽量。空气达到饱和时的温度，叫做露点。饱和的空气冷却到露点以下的温度时，空气里就有多余的水汽变成水滴或冰晶。因为冰面饱和水汽含量比水面要低，所以冰晶生长所要求的水汽饱和程度比水滴要低。也就是说，水滴必须在相对湿度（相对湿度是指空气中的实际水汽压与同温度下空气的饱和水汽压的比值）不小于 100% 时才能增长；而冰晶呢，往往相对湿度不足 100% 时也能增长。例如，空气温度为零下 20℃时，相对湿度只有 80%，冰晶就能增长了。气温越低，冰晶增长所需要的湿度越小。因此，在高空低温环境里，冰晶比水滴更容易产生。



另一个条件是空气里必须有凝结核。有人做过试验，如果没有凝结核，空气里的水汽，过饱和到相对湿度 500% 以上的程度，才有可能凝聚成水滴。但这样大的过饱和现象在自然大气里是不会存在的。所以没有凝结核的话，我们地球上就很难能见到雨雪。凝结核是一些悬浮在空中的很微小的固体微粒。最理想的凝结核是那些吸收水分最强的物质微粒。比如说海盐、硫酸、氮和其他一些化学物质的微粒。所以我们有时才会见到天空中有云，却不见降雪，在这种情况下人们往往采用人工降雪。

“瑞雪兆丰年”是我国广为流传的农谚。在北方，一层厚厚而疏松的积雪，像给小麦盖了一床御寒的棉被。雪中所含有的氮素，易被农作物吸收利用。雪水温度低，能冻死地表层越冬的害虫，也给农业生产带来好处。所以又有一句农谚“冬天麦盖三层被，来年枕着馒头睡”。

雪的作用很广，对人类有很大的好处。首先是有利于农作物的生长发

雪——作物的“棉被”

育。因雪的导热本领很差，土壤表面盖上一层雪被，可以减少土壤热量的外传，阻挡雪面上寒气的侵入，所以，受雪保护的庄稼可安全过冬。积雪还能为农作物储蓄水分。此外，雪还能增强土壤肥力。据测定，每 1 升雪水里，约含氮化物 7.5 克。雪水渗入土壤，就等于施了一次氮肥。用雪水喂养家畜家禽、灌溉庄稼都可收到明显的效益。



雪对人有利也有害，在三四月份的仲春季节，如突然因寒潮侵袭而下了大雪。就会造成冻寒。所以农谚说：“腊雪是宝，春雪不好。”

**冬季的毁灭者——冻雨**

冻雨过后

冻雨是初冬或冬末春初时节见到的一种天气现象，是一种灾害性天气。冻雨是由过冷水滴组成，与温度低于0℃的物体碰撞立即冻结的降水。低于 0℃ 的雨滴在温度略低于0℃的空气中能够保持过冷状态，其外观同一般雨滴相同，当它落到温度为 0℃ 以下的物体上时，立刻冻结成外表光滑而透明的冰层，称为雨凇。严重的雨凇会压断树木、电线杆，使通讯、供电中止，妨碍公路和铁路交通，威胁飞机的飞行安全。

当较强的冷空气南下遇到暖湿气流时，冷空气像楔子一样插在暖空气的下方，近地层气温骤降到零度以下，湿润的暖空气被抬升，并成云致雨。当雨滴从空中落下来时，由于近地面的气温很低，在电线杆、树木、植被及道路表面都会冻结上一层晶莹透亮的薄冰，气象上把这种天气现象称为“冻雨”。我国南方一些地区把冻雨又叫做“下冰凌”，北方地区称它为“地油子”。雨滴与地面或地物、飞机等物相碰而即刻冻结的雨称为冻雨。这种雨从天空落下时是低于0°C 的过冷水滴，在碰到树枝、电线、枯草或其他地上物，就会在这些物体上冻结成外表光滑、晶莹透明的一层冰壳，有时边冻边淌，像一条条冰柱。这种冰层在气象学上又称为“雨凇”或冰凌。冻雨是过冷雨滴或毛毛雨落到温度在冰点以下的地面上，水滴在地面和物体上迅速冻结而成的透明或半透明冰层，这种冰层可形成“千崖冰玉里，万峰水晶中’的壮美景象。如遇毛毛雨时，则出现粒凇，粒凇表面粗糙，粒状结构清晰可辨；如遇较大雨滴或降雨强度较大时，往往形成明冰凇，明冰凇表面光滑，透明密实，常在电线、树枝或舰船上一边流一边冻，形成长长的冰挂。冻雨多发生在冬季和早春时期。我国出现冻雨较多的地区是贵州省，其次是湖南省、江西省、湖北省、河南省、安徽省、江苏省及山东省、河北省、陕西省、甘肃省、辽宁省南部等地，其中山区比平原多，高山最多。雨水从空中落下来结成冰，能致害吗？能，这种冰积聚到一定程度时，不仅有害，而且危害不浅。

电线结冰后，遇冷收缩，加上冻雨重量的影响，就会绷断。有时，成排的电线杆被拉倒，使电讯和输电中断。公路交通因地面结冰而受阻，交通事故也因此增多。大田结冰，会冻断返青的冬麦，或冻死早春播种的作物幼苗。另外，冻雨还能大面积地破坏幼林、冻伤果树等。冻雨厚度一般可达10～20毫米，最厚的有30～40毫米。冻雨发生时，风力往往较大，所以冻雨对交通运输，特别对通讯和输电线路影响更大。

消除冻雨灾害的方法，主要是在冻雨出现时，发动输电线沿线居民不断把电线上的雨凇敲刮干净；在飞机上安装除冰设备或干脆绕开冻雨区域飞行。

## 河流结成冰

黄河流域是中华民族的摇篮，孕育了华夏五千年的文明。但是黄河带给我们中华民族的不全是好处，黄河洪水和冰害经常掠去两岸人民的财产和生命。

河水结成冰

远在公元前400多年，对于黄河的冰情，已有详细的记载："孟冬之月，水始冰，地始冻。仲冬之月，冰益坚，地始坼。季冬之月，冻方盛，水泽腹坚，命取冰，冰以入。孟春之月，东风解冻，蛰虫始振，鱼上冰。"这是世界上最早的有关结冰、封冻和解冻的冰情文字记录。

河水是怎样结冰的？

我们在课本上学到，当1个标准大气压时温度降到0℃时水就会变成冰。但实际情况并非如此简单。一方面自然界中的水不是纯净的水，里面溶解了很多物质，水的凝固点降低，水需在0℃以下才能冻结；另一方面，当温度刚好由0℃以上降到0℃时，水是不会结冻的，因为结冰时放出的潜热很大，如果正好是冰点，刚生成的冰晶又会很快融化掉。所以，一般温度在零度以下河水才出现冻结现象。另外，当温度降到0℃以下时水有可能还是不能结成冰，这时成为"过冷水"。

静水结冰需要较甚的过冷，实验室里曾经记录到蒸馏水过冷到零下20℃还不见冰晶出现的数据。一般静水冷却到4℃后，水面继续降温，仅能使表层发生冷却，底层在较长时间里还是维持在4℃的温度，所以静水冻结是从水面开始的。

初冬时节河流淌凌是河流开始结冰的最初阶段。河水是汹涌流动的，流水结冰过程与静水很不相同。流水由于处在流动状态，紊流扰动强，不仅表层冷却迅速，就是底层也同时降温，水面和水内几乎可以同时结冰。大多数研究者认为，河流结冰是同时在水面和水中发生的。理由是河流混合作用强，在结冰前河水上下都能达到大体相同的温度，只要有结晶核，就可以在任何地方开始结冰。底冰的存在证明了这种理论的可能性。

河流封冻有两种情况。一种是从岸边开始，先结成岸冰，向河心发展，逐渐汇合成冰桥，冰桥宽度扩展，使整个河面全被封冻。还有一种是流冰在河流狭窄或浅滩处形成冰坝后，冰块相互之间和冰块与河岸之间迅速冻结起来，并逆流向上扩展，使整个河面封冻。

**美丽的雾凇**

雾凇，水汽凝结而成的冰花。

北宋曾巩《冬夜即事》诗即有所载：“香消一榻氍毹（qú shū，一种织有花纹图案的毛毯），月澹千门雾凇寒。闻说丰年从此始，更回笼烛卷廉看。”自注：“齐寒甚，夜气如雾，凝于木上，旦起视之如雪，日出飘满阶庭，尤为可爱，齐人谓之雾凇。谚曰：“‘雾凇重雾凇，穷汉置饭甕。’以为丰年之兆。”宋人称“雾凇”，而“以为丰年之兆”。其观念很可能源于雾凇的古名“树挂”。

雾凇俗称树挂，在北方很常见，是北方冬季可以见到的一种类似霜降的自然现象，是一种冰雪美景。是由于雾中无数0℃以下而尚未结冰的雾滴随风在树枝等物体上不断积聚冻黏的结果，表现为白色不透明的粒状结构沉积物。因此雾凇现象在我国北方是很普遍的，在南方高山地区也很常见，只要雾中有过冷却水滴就可形成。

美丽的雾凇

过冷水滴（温度低于

0℃）碰撞到同样低于冻结温度的物体时，便会形成雾凇。当水滴小到一碰上物体马上冻结时便会结成雾凇层或雾凇沉积物。雾凇层由小冰粒构成，在它们之间有气孔，这样便造成典型的白色外表和粒状结构。由于各个过冷水滴的迅速冻结，相邻冰粒之间的内聚力较差，易于从附着物上脱落。被过冷却云环绕的山顶上最容易形成雾凇，它也是飞机上常见的冰冻形式，在寒冷的天气里泉水、河流、湖泊或池塘附近的蒸雾也可形成雾凇。雾凇是受到人们普遍欣赏的一种自然美景，但是它有时也会成为一种自然灾害。严重的雾凇有时会将电线、树木压断，造成损失。

吉林雾凇



吉林雾凇仪态万方、独具丰韵，让中外游客赞不绝口。然而很少有人知道雾凇对自然环境、人类健康所做的贡献。吉林雾凇正迎合了时下非常流行的一句话：“我美丽、我健康！”

每当雾凇来临，吉林市松花江岸十里长堤“忽如一夜春风来，千树万树梨花开”，柳树结银花，松树绽银菊，把人们带进如诗如画的仙境。中央领导人于1991年在吉林市视察期间恰逢雾凇奇景，欣然秉笔，写下“寒江雪柳，玉树琼花，吉林树挂，名不虚传”之句。1998年又有人赋诗曰：“寒江雪柳日新晴，玉树琼花满目春。历尽天华成此景，人间万事出艰辛。”

除美丽之外，吉林雾凇因为结构很疏松，密度很小，没有危害，而且还对人类有很多益处。

现代都市空气质量的下降是让人担忧的问题，吉林雾凇可是空气的天然清洁工。人们在观赏玉树琼花般的吉林雾凇时，都会感到空气格外清新舒爽、滋润肺腑，这是因为雾凇有净化空气的内在功能。空气中存在着肉眼看不见的大量微粒，其直径大部分在2.5微米以下，约相当于人类头发丝直径的1/40，体积很小，重量极轻，悬浮在空气中，危害人的健康。据美

国对微粒污染危害做的调查测验表明，微粒污染重比微粒污染轻的城市，患病死亡率高15%，微粒每年导致5万人死亡，其中大部分是已患呼吸道疾病的老人和儿童。雾凇初始阶段的凇附，吸附微粒沉降到大地，净化空气，因此，吉林雾凇不仅在外观上洁白无瑕，给人以纯洁高雅的风貌，而且还是天然大面积的空气“清洁器”。

注重保健的人都不会对空气加湿器、负氧离子发生器等感到陌生，其实吉林雾凇就是天然的“负氧离子发生器”。所谓负氧离子，是指在一定条件下，带负电的离子与中性的原子结合，这种多带负离子的原子，就是负氧离子。负氧离子，也被人们誉为空气中的“维生素”、“环境卫士”、“长寿素”等，它有消尘灭菌、促进新陈代谢和加速血液循环等功能，可调整神经，提高人体免疫力和体质。在出现浓密雾凇时，因不封冻的江面在低温条件下，水滴分裂蒸发大量水汽，形成了“喷电效应”，因而促进了空气离子化，也就是在有雾凇时，负氧离子增多。据测，在有雾凇时，吉林松花江畔负氧离子每立方厘米可达数千个，比没有雾凇时的负氧离子多5倍以上。



噪音也是现代都市生活给人们带来的一个有害副产品，吉林雾凇是环境的天然“消音器”。噪音使人烦躁、疲惫、精力分散，导致工作和学习效率降低，并能直接影响人们的健康。人为控制和减少噪音危害，需要一定条件，并且又有一定局限性。吉林雾凇由于具有浓厚、结构疏松、密度小、空隙度高的特点，因此对音波反射率很低，能吸收和容纳大量音波，在形成雾凇的成排密集的树林里感到幽静，就是这个道理。

此外，根据吉林雾凇出现的特点、周期规律等，还可反馈未来天气和年成信息，为各行各业兴利避害、增收创利做出贡献。

### 冬日里的战神——梅花

梅花是中华民族的精神象征，具有强大而普遍的感染力和推动力。梅树的花在寒冬先开放。梅花象征坚韧不拔，百折不挠，奋勇当先，自强不息的精神品质。别的花都是春天才开，它却不一样，愈是寒冷，愈是风欺雪压，开得愈精神，愈秀气，它是我们中华民族最有骨气的花！几千年来，它那迎雪吐艳，凌寒飘香，铁骨冰心的崇高品质和坚贞气节鼓励了一代又一代中国人不畏艰险，奋勇开拓，创造了优秀的生活与文明。有人认为，梅的品格与气节几乎写意了我们“龙的传人”的精神面貌。全国上至显达，下至布衣，几千年来对梅花深爱有加。“文学艺术史上，梅诗、梅画数量之多，足以令任何一种花卉都望尘莫及。”

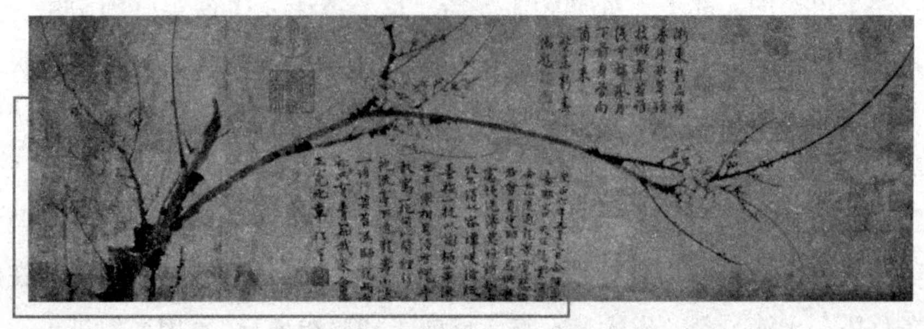



元代王冕所画《墨梅图》

二十四番花信之首的梅花，冰枝嫩绿，疏影清雅，花色美秀，幽香宜人花期独早，“万花敢向雪中出，一树独先天下春”。

梅花被誉为花魁。“遥知不是雪，唯有暗香来”是她那崇高品格和坚贞气节。松、竹、梅花被称为”岁寒三友”，梅花培植起于商代，距今已有近4000年历史。梅是花中寿星，我国不少地区尚有千年古梅，湖北黄梅县有株1600多岁的晋梅，至今还在岁岁作花。梅花斗雪吐艳，凌寒留香，铁骨冰心，高风亮节的形象，鼓励着人们自强不息，坚韧不拔地去迎接春的到来。

**雪白中的一点绿**

常青树以枝繁叶茂，四季常青闻名，取常青树博大、青春、稳实的精神内涵，寓意为上帝永恒。

冬季不落叶的树，就叫常青树。这类植物的特征主要是叶片呈针状、叶片有蜡质层以及耐旱的植物。如松柏类、冬青、桂花等。但是常青树也不一定完全常青，它们在冬季有换叶的现象，就是换去部分叶片。因为我们很难看见这些树木落叶，所以人们就叫它常青树。

北国之冬，千里冰封，万里雪飘。在这银色的世界里，别的树木都只剩下光秃秃的枝干，而松柏树却依然青葱碧绿，苍劲挺拔，生机盎然。松柏树为什么四季常青呢？

四季常青植物——常青树

我们知道叶子是植物制造养分的中心，在阳光下，叶子能把从空气里吸收的二氧化碳和从土壤中吸收的水分合成有机物质，并释放出氧气。所合成的有机物主要是糖，糖再进一步转变成为淀粉。有了这些营养，树木才能生长壮大并繁殖后代。当干燥季节或寒冷季节到来时，土壤中的水分少了，树根不能吸收足够的水分来供给叶子蒸发和制造营养。水分供不应求，对树木生长不利，同时光合作用缓慢，制造不出养料来，叶子将逐渐失去作用。所以，为了适应客观环境，减少消耗，使本身不受损害，有的树木就将叶子全部脱落，暂时停止生长，进入休眠状态。可见落叶对植物是有利的。



松柏树原是寒带和高山生长的树木，由于长期在寒冷的环境中生活，形成了独特的御寒构造。松柏树的叶一般都缩小呈针形、线形或鳞片形，由于叶片面积小，因而水分不容易蒸发散失。有的叶片具有厚的角质或蜡质，有的则生有很厚的绒毛。如取一枚松树的针叶仔细观察一下，就可看到上面密生着白色的绒毛，摸时感觉很光滑，这些构造都有效地阻止了水分的蒸发。同时，松柏树叶片内水分少，又含松脂，当气温降低时，可以很快地使细胞液浓度增大，增加糖分和脂肪以便防冻。所以，虽在冬季，松柏树也不会缺水而干枯，保证了树木的生机永存。

树木上叶片都有一定的生活期，生活期的长短因植物不同而异。每片树叶达到一定的年龄就要脱落，松柏树也不例外。它的树叶也是要衰落的，只不过是松柏树的叶子生活期长，可生活 3 ~ 5 年，脱换时又是互相交替，一般要在新叶发生以后，老叶才次第枯落，就全树看来好像不落叶一样，所以使人有冬夏常青的感觉。

常青树之松柏树

松柏树的叶子在冬季虽然还是绿色的，但比起春、夏、秋季，颜色要差多了。这是由于冬天气温低，叶内叶绿素的生成受到限制，而花青素相对增加了，所以叶子就有些发红。这种颜色的变化，能减弱叶内的光合作用，使树木生理活动变得缓慢。这对于保证松柏树安全过冬是非常有利的。



**冬天动物的御寒方式**

随着冬天的来临，各种动物都开始了应对寒冷的准备。昆虫是动物世界中的一大类，它们属于变温动物，有着自己独特的过冬诀窍。下面我们就具体了解一下：

螳螂为了让后代顺利度过寒冷的冬季，将自己的卵攒集到一起做成很大的卵块（一块大概有 300 ~ 400 粒卵），再将一种分泌物做成一个卵囊来罩住卵块。这个卵囊的外层是很厚的保护层，并且黏附在向阳的树枝干上，所以卵块可以安然的度过严冬。

负子虫为了保护自己的后代，将卵产在自己的后背上，并且带着它们钻到地下的土壤里，在那里等待春天来临。

切叶蜂早在冬天来临之前就开始准备过冬的花蜜和花粉，它们被储存在一个椭圆形的“住宅”里。切叶蜂把成叠的椭圆形的叶子运到地下或者一些空心的木头里，并把它们筑成蜂房，这就是切叶蜂建起的“住宅”，在那里它们产卵过冬，而丝毫不会受到严寒的侵扰。

金龟子的幼虫，一到冬天就躲藏到泥土的深处。因为它们身体中含有十分丰富的营养物质，所以它们可以一个冬天都躲在地下，直到第二年春天的到来。

天牛不会挖土，但是它们会挖洞，而它们最拿手的就是在树干上挖洞，这是由于它们天生就有一张极其锋利的嘴巴。通过辛苦的劳作，它们往往能在树干上挖出一条很深的“隧道”，那里就是它们的幼虫过冬的最佳之地。

坚硬的外壳可以防御严寒的侵袭，灯蛾的蛹就拥有这样一层几丁质外壳，而且它们体内贮存着较多的脂肪，这就更有利于它们对严寒的抵抗。



避债蛾从幼虫时期就拥有一座属于自己的“避难所”，它主要是用树皮和树枝组成的。避债蛾平时就习惯在休息的时候钻到里面。而当深秋来到，它不仅会钻到“避难所”里，还将身体化作蛹以安全过冬。

蜜蜂的过冬方式十分特别，它们需要团结一致，而且分工明确。在深冬季节，它们一方面通过食用蜂蜜获得热量，另一方面它们还会围着蜂王“抱成一团”，形成一个蜂巢团，这时候蜂巢的温度会保持在35℃左右。最有意思的是，如果蜂巢团外层的蜜蜂冷得无法坚持时，内层的蜜蜂就会跟它们调换位置。在这个大集体中，工蜂们会像保姆一样照顾幼虫。它们一方面负责幼虫的喂食工作，另一方面还聚集起来形成一道保温层，从而使幼虫免受严寒的侵扰。

耐寒的昆虫的皮肤中含有一种可以变大变小的细胞，通过这样的变化来调整光线的反射程度，影响热量的吸收，从而调节自己身体的温度。小茧蜂就是这样的一种动物，它们在零下47℃的严寒下仍然能安然无恙。

蝗虫的卵一般都会产在朝阳背风的斜坡上。蝗虫用坚硬的产卵瓣在地上钻出一个洞，然后把自己的腹部伸到洞里，把卵一粒粒的产在一起。这还不算完，它们还会用分泌出来的一种胶液把卵都包起来，就像个胶袋，既保暖又防水。

大青叶蝉会把卵产在树皮里过冬。它们的产卵管十分坚硬，能把树皮锯开，并把卵产到里面。

盲蝽象用尖锐的嘴巴在植物上刺出小洞，然后调头把产卵管输到小洞产卵，每个小洞只产一粒卵。而且，它们的卵在朝向洞口的一面有一个小盖子，既能挡风又不妨碍透气。

蛾子的幼虫冬天到来之前就钻进地下，筑起一座坚固的土房，然后从嘴里吐出黏液涂刷房子的内壁，使房子变得光滑，既安全又保暖。

小麦叶蜂深知在土壤浅层里睡觉太危险，因为可能会被来年耕地的农民耕到，于是它们拼命的往深处钻，以确保暖和和安全。

刺蛾幼虫吐出丝和黏液，把身上的毛，编织出一个很硬的圆茧，就像一个小鸟蛋，黏附在树杈上，硬得就像个小石头子。

黎星毛虫爬到老树干的朝阳的面，并钻进树缝和老树洞里，然后脱下身上的长长的毛，吐出丝织成个“毛毯”，把它紧紧裹在身体外面，这样就不怕严寒了。



甲虫有坚硬的翅鞘和厚厚的皮肤，可以有效的防寒。冬天快来时，它们就是积极的在体内贮存营养。冬天来到时，它们早就在落叶下、碎石里、树洞中或者随便找个隐蔽的角落，顺利的度过严冬。

多数蝇类和蚊子是以成虫过冬，它们溜进人们的住房，躲在阴暗的角落，人们不容易发现。而家蝇则将蛹埋在土里过冬。

豆天蛾和菜白蝶的蛹皮又厚又硬，比幼虫更耐寒。天气回暖的时候，过冬的蛹就破茧化蝶，飞向田间了。

蝶类的翅膀上鲜艳夺目的色彩是由极为细小而精微的粉状鳞片编织成的。当太阳光从不同的角度照射到蝶翅上，由于折射和反射作用，蝴蝶显现出鲜艳夺目的色泽。同时，也接收了大量的热能。

珍珠蝶除了能靠不停地扑动翅膀来产生热量，还能接收和积聚太阳光的能量。冬季晴朗的日子里，珍珠蝶翅膀上那密密麻麻、毛茸茸的鳞片，宛如亿万面镜子，能吸收大量的光能，使身体变得暖和起来。另外，珍珠蝶还能转动翅膀的角度来控制受热面，使获得的光能量达到最大值。当体温过高时，它便转动翅膀的位置来调节获得热量。它们的身体温度一般保持在35℃左右。

### 动物冬眠

冬眠，是某些动物抵御寒冷、维持生命的特有本领。这些动物通过在冬季时将生命活动处于极度降低的状态，是来适应外界不良环境条件（如食物缺少、寒冷）。一般常见的冬眠动物有蝙蝠、刺猬、极地松鼠等。冬眠时，它们可以几个月不吃不喝，也不会饿死，最令人不可思议的是，母熊竟在冬眠期间生育，当双胎小熊从洞穴里出来时，体重竟达到2.27千克了。这段时期，小熊是靠吮吸沉睡中的母熊乳汁生活的。

冬眠一般分为3种类型：①蛇及蛙等两栖爬虫类的冬眠，它们的体温与周围环境配合，如环境温度下降则体温跟着下降而进入冬眠状态，已无法进行调节。②松鼠等动物的冬眠，它们体温于平时保持恒温性，在进行冬眠时，可将自己体温下降到接近环境周围的温度，但为了避免体液在0℃以下结冻，其体温会维持在5℃左右。③熊类的冬眠，它们在冬眠时体温只下降几度，但却能长时间不进食而呈睡眠状态，近于睡眠和冬眠之间。



动物在冬眠时，一般都蜷缩着身子，不食不动。不仅如此，此时它们的呼吸频率大为减少，心跳也慢的出奇，例如刺猬在冬眠时的心跳，每分钟只有10~20次。如果把冬眠的刺猬放到水中，半小时之内它都不会有事。而在一般情况下，清醒的刺猬只能在水中坚持2~3分钟。

动物冬眠时，它们的神经基本进入了麻痹状态。以蜜蜂为例，当周围的温度在7℃~9℃时，它们的翅、足就会停止活动，仅能微微颤动；温度在4℃~6℃时，它们的翅、足就会变得丝毫没有反应，进入了很深的麻痹状态；温度下降到0.5℃时，麻痹的程度更深。不能看出，动物神经的麻痹程度跟温度变化有极大的关系。

除此之外，动物冬眠时体温也会显著下降。以黄鼠为例，在冬眠的状态中度过130个昼夜只放出热量70卡，而在非冬眠状态中度过13.7个昼夜就能放出579卡。一般情况下，动物在冬眠过程中，每昼夜只能放出热量0.5卡，但在它苏醒后处于兴奋时，每昼夜则能放出42卡。正是因为在冬眠过程中，动物的体温下降，从未使得机体内的新陈代谢处于缓慢状态，也就保证了动物生命的维持。

动物顺利的度过冬眠还有赖于其皮下脂肪。这些脂肪一方面可以帮助动物有效的抵御严寒，更为重要的是为动物体内的消耗提供了能量来源。一般情况下，动物冬眠前会加大营养的摄入，使自己的体重增加到平时的1～2倍，而一旦进入冬眠，体重就会逐渐减轻。例如冬眠162天的蝙蝠体重可以减少33.5%。与此同时，在冬眠过程中，动物的白细胞也会大大减少。以土拨鼠为例，在平时1立方毫米血液中，含有12000多个白细胞，而在冬眠时平均只有6000来个。最让人难以理解的是，最为捍卫身体健康的“卫士”——白细胞的减少，并未对冬眠的动物造成什么影响。

对动物冬眠的现象，科学家进行了几个世纪的研究。他们发现，动物皮层下有白色脂肪层，可以防止体内热量散发。在冬眠动物的肩胛骨和胸骨周围还分布有褐色脂肪，好像电热毯一样，产生的热量比白脂肪快20倍，而且环境温度越低，热量产生越快。当气温下降时，冬眠动物的感觉细胞向大脑发出信息，刺激褐脂肪里的交感神经，使动物的体温刚好保持在免于冻死的水平。



人们虽然已经了解了动物的生理变化，可是，究竟是什么原因促使动物冬眠呢？黑熊在进入冬眠约一个月之前，每24小时就有20小时在吃东西，每天摄取的热量从7000卡增加到2万卡，体重增加也超过45千克。看来，这些都是受动物准备冬眠的一种或几种激素所控制的，也就是说。冬眠动物的体内有一种能诱发自然冬眠的物质。

冬眠的青蛙

为证实以上推测，科学家曾对黄鼠进行实验。他们把冬眠黄鼠的血液注射到活动的黄鼠的静脉中去，然后把活动的黄鼠放进7℃的冷房间。几天之后，它们就进入了冬眠。接着又用相同的方法使许多山鼠也冬眠了。这些试验表明了诱发自然冬眠物质存在的可能性。

人们又从冬眠动物的血液中分离出血清和血细胞，并分别注射到两组黄鼠体内。不久，它们也都冬眠了。再用血清过滤后得到的过滤物质和残留物质，分别给黄鼠注射，发现只有过滤物质才引起冬眠。人们从中得到启示：诱发冬眠的物质是血清中极小的物质。有趣的是，用冬眠旱獭的血清诱发黄鼠冬眠效果最好，不论是冬天或夏天，都能诱发黄鼠进入冬眠。

科学家又进行了另一些实验，将冬眠期和活动期的黄鼠的血清，过滤成过滤物质和残留物质，按照不同比例混合后，注入黄鼠体内。结果发现，它们冬眠开始的时间却推迟了。因此人们又得到启示：动物血清中可能含有一种抗诱发物，起了抵消诱发物的作用。



因此，人们得出初步结论：形成冬眠不光是决定于诱发物，还决定于诱发物和抗诱发物之间的互相作用。动物是全年在制造诱发物的，而抗诱发物只是在春季一段时间才产生。秋冬季节，诱发物多了，就促进了动物冬眠；到了春季，抗诱发物多了，抑制了诱发物，动物就从冬眠中苏醒过来。

动物冬眠的研究虽然取得了一些进展，但还有许多奥秘没有被揭示。如控制动物冬眠的激素到底是什么物质？动物内脏器官在冬眠时是怎样改变功能的……只有揭开这些奥秘，人们才能更全面地认识动物的代谢功能和生理功能，为农业、畜牧业和医学，甚至为航天技术提供有益的启示。

## 四季小知识

### 为什么一场春雨一场暖

春季，由于北半球太阳的照射逐渐增强，太平洋上的暖空气随着向西北伸展。当暖气团向北挺进，并在北方冷空气边界滑升就产生了雨。在滑升过程中，同时将冷空气向北排挤。其结果，往往暖空气占领了原来被冷空气盘据的地面，因此在暖空气到来以前，这些地方往往先要下一场春雨。

下过雨后，受暖空气控制，天气转暖，以后如冷空气向南反扑又会下雨。当冷空气前锋过去以后，这个地方受冷空气控制，暂时出现一二天比较冷的天气。但没几天，这团冷空气吸收到大量的太阳热，加之受到较暖的地面影响，使其温度升高，就会渐渐转变成暖空气了。因此人们总是感到，春天下过雨后，只要天气晴朗，一般总是暖洋洋的。“一场春雨一场暖”的感觉就是这个缘故。冬冷夏热，除了受太阳辐射的影响外，还因为控制地面的冷暖空气有所不同。春天正是冷暖空气激烈交锋的时候。

**为什么“清明时节雨纷纷”**

其一因为冬去春来的时候，冷空气势力逐渐减弱，海洋上的暖湿空气开始活跃北上。清明前后，冷暖空气经常交汇，从而形成阴雨绵绵的天气。其二是春天低气压非常多。低气压里的云走得很快，风很大，雨很急。每当低气压经过一次，就会出现阴沉、多雨的天气。其三，清明前后，大气层里的水汽比较多，这种水汽一到晚上就容易凝结成毛毛雨。由于这些原因，因此清明时节下雨的天气特别多。



每年的清明节都在 4 月 5 日前后，而我国每到 4 月就开始盛行来自海洋的夏季风，这将会带来大量的雨水，给农民的春耕生产带来方便，所以有“春雨贵如油”之说。来自海洋的暖湿气流将会在大江南北徘徊，所以又有“春雨绵绵”的说法。

**为什么晚上看到的星星越多，第二天的天气越热**

夜间，星星的多少和当时的天空状况有十分密切的关系。天空有云层的时候，由于星星被云层遮去一部分；同时星光经过水滴，也会被反射和吸收掉一部分光，因此从地面望去，星星就很稀少，星星的光度也弱，如果天空没有云，空中的水汽比较少，那么从地面望去，星星就会很多。

夏季，当有些地区受副热带高气压系统笼罩时，这些地区由于空气多作下沉运动，在下沉过程中，空气由於于气压逐渐变小，气层变得比较干燥，以致出现碧空无云的天气。入夜以后，太阳辐射热源中断，地温迅速减低，水汽的蒸发作用减弱，下层空气温度下降，气层变得更加干燥和稳

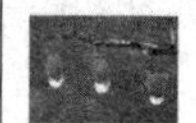

定，人们看到的星星就会较多。

因此，人们可以从夏夜星星较多，判断出当地正被副热带高气压所笼罩。由于在这种气压笼罩下，天气多晴朗少云，白天太阳能充分照射到地面，使地面增热强烈，而且在这种高气压盘据时，天气常稳定少变，因此，可以进一步从夏夜星星多这一现象，判断第二天天气将较热，这就是“满天星，明天晴”，“夜里星星光明，明朝依旧晴”说法的道理。

**为什么夏天下冰雹而不下雪**

首先让我们看看，天上为什么会降水。气象上所谓降水是指水分由大气中降落到地面的自然现象，它包括下雨、下雪、下雹等等。

众所周知，云层是由水蒸气形成的。在高空中由于气温较低，空中悬浮的微粒吸收云中的水分会形成极小的水珠或冰晶，它们继续吸收云中的水分，渐渐形成较大的水珠（小冰晶吸收大量水分也可变成较大的水珠）。不断吸收云中的水分，水珠不断增大，直至其重量超过空气能提供的悬浮力时，这些水珠便降落到大地形成了雨。如果气温很低，把云中析出的水分冻结成小冰晶（云中已形成的极小水珠也可冻成小冰晶），小冰晶吸收水分，不断扩大，形成六角形的较大冰晶，当六角形晶体大到超出空气的浮力时，便降落成雪。但是，夏季气温较高，而且冰晶体积小，受热能力弱，因此，到达地面时，冰晶已经融化。



但在高空的气温很低，如果在0℃以下，冰晶继续吸附水分，体积渐渐增大而降落。降落过程中遇到上升气流，小冰晶又被送上了0℃以下的高空云层，于是在那里小冰晶继续吸水增大，直到上升气流托不住时再次降落，接着又随上升气流上升……多次反复后冰晶变成了较大冰块。通常，在发展厚实的积雨云中都可能产生相对较大的冰粒。但不一定能够降落到地面上成为冰雹，只有那些冰粒在高空云层中随气流反复升降，不断增长到足够大的颗粒时，才会从空中降落成雹。这种特殊的气象条件相当罕见，即使在夏季产生的机会也不多，其他季节更是不易产生了，所以落冰雹的机会很少，而且主要是在夏季。

## 植物到了秋天为什么会变色

为什么绿叶到秋日就会泛黄脱落呢？原来一直认为是秋日干燥，树叶失去水分的结果。但科学家们在前几年发现，树叶的变色与某些激素及化学物质的变化有关。初秋时节，激素脱落酸等物质聚积到树叶里，树叶便开始变色，并将叶绿素、水、氮、磷、蛋白质和碳水化合物等有用材料送回树干、树根，自己等待枯萎死亡。与此同时，在叶梗部的一组特殊细胞也开始变得脆弱起来，于是，一遇风雨，它们就很容易被折断，从而叶落满地了。

植物学家指出，秋天树叶的颜色有时深，有时浅，这和降雨量或降雪量的多少有关。如果在干旱年份，树叶的颜色变化就不会太大，叶子落得就比较早，这是为了给树木多留点水分。储存养料，多留水分，落叶可是树木一种“丢卒保车”、保护自己的手段哩。这么说来，有些文人墨客见落叶而哀怨，实在没有必要。



有些绿叶在天凉后会变红。北京人在秋日会去香山看红叶，南京人那时也喜欢到栖霞山欣赏“万山红遍”的美景。枫树、槭树、乌桕、黄栌、柿树等等，在霜降前后都会变得火红火红的。“霜叶红于二月花”，它们点缀着金色的秋天，吸引着无数游人，也把江山装扮得更加多娇了。

无论是黄叶、红叶，在冬日的寒风下，落叶树的叶子终究悉数掉落，只剩下光秃秃的树干。那末，四季常夏的热带地区，树叶是不是就不需要飘落下来呢？不是的。热带的树木也会落叶。不过，它们落叶的时节总在干季。拿我国广东、云南、海南等地来说，许多树木就是在每年的2~3月才落叶的。“一叶知秋”的说法在这些地方并不适用；“一叶落而知天下秋”，那就更不合乎自然界的实际了。

## 为什么一场秋雨一场寒

中国民间流传着“一场春雨一场暖，一场秋雨一场寒”的谚语，其中有没有科学道理呢？气象专家对此作了解释。

专家说，在秋季一股股的冷空气从西伯利亚和蒙古国南下进入中国大

部分地区，当它和南方正在逐渐衰退的暖湿空气相遇后，形成了雨。一次次冷空气南下，常常造成一次次的降雨，并使当地的温度一次次降低。另外，这时太阳直射光线逐渐向南移动，照射在北半球的光和热一天天减少，这也有利于冷空气的增强和南下。几次冷空气南下后，当地的温度就显得很低了。这就是“一场秋雨一场寒”的道理。

**为什么冬天早上时常有雾**

空气中所能容纳的水汽是有一定限度的，达到最大限度时，就称为水汽饱和。气温愈高，空气中所能容纳的水汽也愈多。譬如，在1立方米的空气中，气温在4℃时，最多能容纳的水汽是6.36克；气温在20℃时，1立方米的空气中最多就可以含水汽17.3克。如果空气中所含的水汽多于一定温度条件下的水汽量时，多余的水汽就会凝结出来，变成小水滴或冰晶。



假如在4℃，1立方米的空气中含有7.36克水汽，这时，多余的1克水汽就会凝结成水滴。所以空气中的水汽超过饱和量，就要凝成水滴，这主要是随着气温的降低而造成的。

地面热量的散失，会使地面温度下降，同时会影响接近地面的空气层，使空气的温度也降低下来。如果接近地面的空气层是相当潮湿的，那么当它冷到一定的程度时，空气中一部分的水汽就凝结出来，变成很多小水滴，悬浮在近地面的空气层里。如果近地面空气层里的小水滴多了，阻碍了人们的视线时，就形成了雾。

白昼温度一般比较高，空气中可容纳较多的水汽。但是到了夜间，温度下降了，空气中能容纳的水汽就减少了，如果那时空气中的水汽较多，就会使一部分水汽凝结成为雾。特别是在冬天，由于夜长，而且出现晴天，风小的机会较多，地面散热比夏天更迅速，接近地面的温度急剧下降，这样就使得近地面空气层中的水汽，容易在后半夜到早晨达到饱和和过饱和而凝结成小水滴，并且浮在近地层的空气中，形成雾。所以，冬天晴朗的早晨常常有雾。这种雾气象学称为“辐射雾”。

**为什么早上有雾一天都是晴天**

白天太阳照射地面，地面积累了大量的热，由于水分的蒸发，温度较高的空气也能够容纳较多的水汽，因此空气中的水汽比较多。太阳下山以后，热量就开始向空中散发，接近地面的空气的温度也随着降低，天气越好，天空中的云越少，地面的热不受任何阻碍，散发得越快，空气湿度也降得越低。到了后半夜和早晨，地面空气的温度已经降得很低了，这时候，就是在室内，我们也很容易感觉到上半夜凉得多。接近地面的空气温度降低以后，空气里的水汽超过了饱和状态，多余的水汽就凝结成细小的水滴，分布在低空，这就是气象学上所说的“辐射雾”，这种雾通常产生在高气压中心附近，而在高气压中心附近，常常是晴好天气。所以出现这种雾的时候，尽管早晨浓雾弥漫，只要太阳一出，把雾气蒸散，这一天就多半是晴天。



### 冬天刮西北风为什么天气容易放晴

冬天，在我国东南部刮的西北风，一般来自我国的北部、俄罗斯的西伯利亚和蒙古国等地区，那些地方在冬季是非常寒冷的。根据历史气象资料的记载：西伯利亚的维尔霍扬斯克地方，1955 年 1 月 15 日的气温曾经降低到零下 68℃。为什么这些地带特别冷呢？主要是这些地区的地面覆盖着冰雪，冷空气在冬季盘踞很久，白天接受的太阳光热比较少，而晚上向空中散发的热量，却比白天吸收的热量要多得多，这种长期热量收入少、支出多的不平衡现象，就使这些地区蕴藏了大量的冷空气。气象工作者称这些地区为冷空气的发源地。

冷空气的特征是重而干燥（含水汽少），由于分量重，于是向地面下沉，构成了广大的高气压带，并且常常向四方流散。如果这团冷空气流散的主力是由西北向东南流动，影响我国东南地区时，这就是我们所说的刮西北风了。

冷空气南下的来势往往很凶猛，它会将原来停留在我国东南部的暖空气挤走，并补充进来大量干燥而寒冷的冷空气。我们知道，成云致雨的主要因素是水汽，空气中水汽多了，就容易下雨；空气中水汽少了，天就可能变晴。所以在冬天当北方冷空气南下紧刮西北风后，天容易放晴。农谚说：“西风煞雨脚”，也就是这个道理。

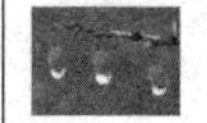



## 为什么冬天看不到彩虹

彩虹是由于阳光射到空中的水滴里，发生反射与折射造成的彩虹。阳光射入水滴时会同时以不同角度入射，在水滴内亦以不同的角度反射。当中以40~42度的反射最为强烈，造成我们所见到的彩虹。造成这种反射时，阳光进入水滴，先折射一次，然后在水滴的背面反射，最后离开水滴时再折射一次。因为水对光有色散的作用，不同波长的光的折射率有所不同，蓝光的折射角度比红光大。由于光在水滴内被反射，所以观察者看见的光谱是倒过来，红光在最上方，其他颜色在下。

我们知道，当太阳光通过三棱镜的时候，前景的方向会发生偏折，而且把原来的白色光线分解成红、橙、黄、绿、青、蓝、紫7种颜色的光带。一般冬天的气温较低，在空中不容易存在小水滴，下阵雨的机会也少，所以冬天一般不会有彩虹出现。



## 冬天为什么会结窗花

在寒冷的清晨一觉醒来，将窗帘拉开你会发现，在玻璃窗上结满了漂亮的窗花——冰凝结在窗上所形成的冰花。这些冰花形状各式各样，有的像山花，有的像松枝，有的像树叶，有的像孔雀的羽毛……这真是大自然的传奇杰作。那么，到底冰花是怎样形成的呢？

事实上，冰花与冰块、雪花都一样，都是水受冷以后（0℃以下）结成的冰晶，这种冰晶的形状是六角形的。只不过，凝结在水里的冰，由于水分子比较致密，在结冰的时候，冰晶相互绕结在一起，就形成了大片大片的冰了，人们没有办法看出冰花的冰晶也是六角形的；仔细察看雪花，就会发现雪花都是呈现六角形的，因为雪是由水蒸气凝结而成的，水蒸气分子比较淡薄，在凝结的时候，又没有受到外界不平均的压力，冰晶便用它所特有的角度而构成了雪的外形。窗上面的冰花是因为室内的湿热空气在寒冷的窗上凝结而成的冰晶，冰晶本来也是六角形的。但当最初的冰晶形成以后，冰晶就开始向四周散发，因为玻璃窗有的地方比较洁净，有的地方会有污垢；有时候温度比较高，有时候温度比较低。这样，当水蒸气蒙上玻璃的时候，有的地方水蒸气堆积得多一些，而有的地方水蒸气积得少一些。当冰晶向四周散发的时候，遇到水蒸气聚积多的地方，冰就会结得厚一些，但是遇到水蒸气聚积少的地方，冰就会结得薄一些。在冰非常薄的地方，遇到一点点热或者压力，它又会立即融化，这样就形成了各式各样的花纹。

### 为什么“瑞雪兆丰年”

“瑞雪兆丰年”是一句流传比较广的农谚，意思是说冬天下几场大雪，是来年庄稼获得丰收的预兆。为什么呢？

其一是保暖土壤，积水利田。冬季天气冷，下的雪往往不易融化，盖在土壤上的雪是比较松软的，里面藏了许多不流动的空气，空气是不传热的，这样就像给庄稼盖了一条棉被，外面天气再冷，下面的温度也不会降得很低。等到寒潮过去以后，天气渐渐回暖，雪慢慢融化，这样，非但保住了庄稼不受冻害，而且雪融下去的水留在土壤里，给庄稼积蓄了很多水，对春耕播种以及庄稼的生长发育都很有利。



其二是为土壤增添肥料。雪中含有很多氮化物。据观测，如果 1 升雨水中能含 1. 5 毫克的氮化物，那么 1 升雪中所含的氮化物能达 7. 5 毫克。在融雪时，这些氮化物被融雪水带到土壤中，成为最好的肥料。

其三是冻死害虫。雪盖在土壤上起了保温作用，这对钻到地下过冬的害虫暂时有利。但化雪的时候，要从土壤中吸收许多热量，这时土壤会突然变得非常寒冷，温度降低许多，害虫就会冻死。

所以说冬季下几场大雪，是来年丰收的预兆。

### 为什么化雪比下雪冷

在冬季，冷空气一股一股从北方向南移动，当它与南方来的暖湿空气相会时，就会阴云密布，产生降雪。在下雪以前，冷空气势力一股较弱(因而风也很小)，在当地停留较长时间后也会逐渐变暖，而且从南方来的气流又把较暖的空气带到北方来。当冷空气势力加强时，暖湿空气被上抬成云，天空布满了云层，像盖了一层被子子一样，地面的热量不易散失掉。

所以，在冬天降雪前和降雪时人们感到不怎么冷。当降雪过程中冷空气势力继续加强，以致强冷空气控制了当地时，就会雪止云消，天气转晴。这时，由于从地面到中空都受冷空气控制，且多刮北风或西北风，风力较大，云又消散而失去保温的作用，雪面的反射作用较大，加之积雪在阳光照射下融化时，又要从近地面气层中吸收很多热量而使气温降低。因此，人们就会觉得化雪时比下雪时寒冷得多。

**为什么冬冷夏热**

我们都能体会到一年当中的四季变化，春夏秋冬四个季节最显著的不同是温度，冬天冷夏天热。仔细观察就会发现，同样是中午，冬天的太阳高度比较低，物体的影子长。而夏天的太阳高度高，物体的影子短。我们都知道，地球的自转轴是倾斜的，地球绕太阳转一圈，在夏至的时候，太阳光直射我们所处的位置，到了冬至太阳光变成倾斜的。而地球表面被一层厚厚的大气层包围着。冬天，当阳光倾斜的时候，光线在大气层中走的距离长，大气层吸收的热量多，到达地面的热量少：到了夏天，阳光直射，光线在大气层中走的距离短，大气层吸收的热量少，到达地面的热量多。另外，同样一束光线到达地面时照射面积的能量分散。因此，冬天冷夏天热。



**为什么在我国冬天的雨少，夏天的雨多**

我国处于世界上最大的大陆——欧亚大陆的东部，东临世界上最大的大洋——太平洋。每当夏季到来时，强烈的太阳光照射着陆地和海洋，因为海洋增温比较慢，所以海洋上气温较低，空气就会冷缩在附近海面上，形成了高气压；而陆地的温度加得较快，陆上气温较高，空气受到了热膨胀而上升，在近地面上形成了低气压。风总是从高气压刮向低气压的，这样的话，我国夏季吹的风主要是从海洋吹过来的暖湿风，又叫东南风。

在海洋上刮来的暖湿风，在我国登陆后，和北方南下冷空气相遇，形成了锋面，因为暖湿空气较轻所以在锋面上，而南下的冷空气重则在锋面下，使得锋面成为一个向冷空气倾斜的狭小过渡地带。而暖湿空气在锋面上爬升，冷却后凝结形成了降雨，称为锋面雨。伴随着暖空气强烈势力的增强，在5～9月，锋面雨带就不断向北推进，一般地看来，5月份，雨带多在华南地区，夏初6月份，多在长江流域，七八月份在华北和东北地区。9月份后冷空气的势力增加，而暖空气慢慢减弱，锋面雨带向南撤离，10月份雨带撤离中国大陆，退隐到海上。因此，在夏季，我国大部分地区多雨，是受到海洋上吹来的东南风的影响。

在冬季，位于北半球的地面太阳照射的热量较少，由于陆地降温较快，非常冷，空气冷缩下降，形成了高气压，而海上气温比陆地高，空气逐渐上升，形成了低气压，这样，风就从蒙古、西伯利亚一带吹向了海洋。我国大部分地区都受西北风的制约。西北风从冷寒的大陆上吹过来，比较干燥，水汽较少，气温非常低。因此，西北风既干燥又寒冷，在这种风的影响下，所以冬季下雨就较少了。



### 为何植物到一定季节才会开花

春兰、夏荷、秋菊、冬梅，植物开花各有一定季节。

在植物的一生中，开花是一个很重要的环节，说明它已进入了繁殖阶段。但是，植物开花时有自己的临界温度指标和临界积温指标，如一般木本植物，其临界温度指标为6℃～10℃。也就是说，当两者都满足了要求时，即使处于冬眠中的植物也会苏醒过来，并且作出反应——萌芽展叶，开花结果。

还有，各种植物开花时对日照的要求不一样，有的需要超过一定日照限度时才能开花，被称为“长日照植物”；有的短于一定日照限度时才能开花，被称为“短日照植物”。在自然界里，短日照植物多在早春或秋季开花，长日照植物多在暮春或初夏开花，因为前者日短夜长，后者日长夜短。不过，有的植物对日照长短要求并不严格，只要条件合适就能正常开花结果，这些植物被称为“中日照植物”。

### 为什么春夏易发生打雷现象，而秋冬不易发生？

有雷的是雷阵雨，夏天常有，春天也有。但是并不是所有的雨之前都

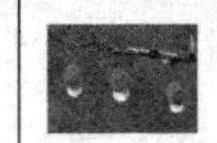



会打雷。雷电是雷雨云中的放电现象。形成雷雨云要具备一定的条件，即空气中要有充足的水汽，要有使湿空气上升的动力，空气要能产生剧烈的对流运动。春夏季节，由于受南方暖湿气流影响，空气潮湿，同时太阳辐射强烈，近地面空气不断受热而上升，上层的冷空气下沉，易形成强烈对流，所以多雷雨，甚至降冰雹。

而冬季由于受大陆冷气团控制，空气寒冷而干燥，加之太阳辐射弱，空气不易形成剧烈对流，因而很少发生雷阵雨。但有时冬季天气偏暖，暖湿空气势力较强，当北方偶有较强冷空气南下，暖湿空气被迫抬升，对流加剧，就会形成雷阵雨，出现所谓“雷打冬”的现象。气象专家认为，雷暴的产生不是取决于温度本身，而是取决于温度的上下分布。也就是说，冬天虽然气温不高，但如果上下温差达到一定值时，也能形成强对流，产生雷暴。冬打雷在中国很少见。



## 四季的特殊物候

### 季风现象

由于大陆及邻近海洋之间存在的温度差异而形成大范围盛行的、风向随季节有显著变化的风系，具有这种大气环流特征的风称为季风。

#### 季风—认识

季风，在我国古代有各种不同的名称，如信风、黄雀风、落梅风。在沿海地区又叫舶风，所谓舶风即夏季从东南洋面吹至我国的东南季风。由于古代海船航行主要依靠风力，冬季的偏北季风不利于从南方来的船舶驶向大陆，只有夏季的偏南季风才能使它们到达中国海岸。因此，偏南的夏季风又被称作舶风。当东南季风到达我国长江中下游时候，这里具有地区气候特色的梅雨天气便告结束，开始了夏季的伏旱。北宋苏东坡《船舶风》诗中有，“三时已断黄梅雨，万里初来船舶风”之句。在诗引中他解释说：“吴中（今江苏的南部）梅雨既过，飒然清风弥间；岁岁如此，湖人谓之船舶风。是时海舶初回，此风自海上与舶俱至云尔。”诗中的“黄梅雨”又叫梅雨，是阳历六月至七月初长江中下游的连绵阴雨。“三时”指的是夏至后半月，即七月上旬。苏东坡诗中提到的七月上旬梅雨结束，而东南季风到来的气候情况，和现在的气候差不多。

现代人们对季风的认识有了进步，至少有 3 点是公认的，即：

（1）季风是大范围地区的盛行风向随季节改变的现象，这里强调“大范围”是因为小范围风向受地形影响很大；

（2）随着风向变换，控制气团的性质也产生转变，例如，冬季风来时感到空气寒冷干燥，夏季风来时空气温暖潮湿；

（3）随着盛行风向的变换，将带来明显的天气气候变化。



季风—形成

季风是大范围盛行的、风向有明显季节变化的风系。随着风向的季节变化，天气和气候也发生明显的季节变化。“季风”一词来源于阿拉伯语“mawsim”，意为季节。中国古称信风，意为这种风的方向总是随着季节而改变。

英国的 E·哈雷认为季风是由于海陆热力性质的不同和太阳辐射的季节变化而产生的以一年为周期的大型海陆直接环流。冬季，大陆比海洋冷，大陆上为冷高压，近地面空气自大陆吹向海洋；夏季，大陆比海洋暖，大陆上为热低压，近地面空气自海洋吹向大陆。20 世纪 50 年代以来，在有了比较多的高空气象资料后，有人指出行星风系的季节位移也是形成季风的一个主要原因。此外，并不是所有具有海陆差异的地区都有季风，还有其他一些物理因子在季风形成中起作用。例如，大地形（如青藏高原）的热力和动力积重难返及南半球越赤道而来的气流，对夏季风的活动均有很大影响。

季风形成的原因，主要是海陆间热力环流的季节变化。夏季大陆增热比海洋剧烈，气压随高度变化慢于海洋上空，所以到一定高度，就产生从大陆指向海洋的水平气压梯度，空气由大陆指向海洋，海洋上形成高压，大陆形成低压，空气从海洋指向大陆，形成了与高空方向相反气流，构成

了夏季的季风环流。在我国为东南季风和西南季风。夏季风特别温暖而湿润。

冬季大陆迅速冷却，海洋上温度比陆地要高些，因此大陆为高压，海洋上为低压，低层气流由大陆流向海洋，高层气流由海洋流向大陆，形成冬季的季风环流。在我国为西北季风，变为东北季风。冬季风十分干冷。

不过，海陆影响的程度，与纬度和季节都有关系。冬季中、高纬度海陆影响大，陆地的冷高压中心位置在较高的纬度上，海洋上为低压。夏季低纬度海陆影响大，陆地上的热低压中心位置偏南，海洋上的副热带高压的位置向北移动。

当然，行星风带的季节移动，也可以使季风加强或削弱，但不是基本因素。至于季风现象是否明显，则与大陆面积大小、形状和所在纬度位置有关系。大陆面积大，由于海陆间热力差异形成的季节性高、低压就强，气压梯度季节变化也就大，季风也就越明显。北美大陆面积远远小于欧亚大陆，冬季的冷高压和夏季的热低压都不明显，所以季风也不明显。大陆形状呈卧长方形，从西欧进入大陆的温暖气流很难达到大陆东部，所以大陆东部季风明显。北美大陆呈竖长方形，从西岸进入大陆的气流可以到达东部，所以大陆东部也无明显季风。大陆纬度低，无论从海陆热力差异，还是行星风带的季风移动，都有利于季风形成，欧亚大陆的纬度位置达到较低纬度，北美大陆则主要分布在纬度30度以北，所以欧亚大陆季风比北美大陆明显。

季风—特征

世界上季风明显的地区主要有南亚、东亚、非洲中部、北美东南部、南美巴西东部以及澳大利亚北部，其中以印度季风和东亚季风最著名。有季风的地区都可出现雨季和旱季等季风气候。夏季时，吹向大陆的风将湿润的海洋空气输进内陆，往往在那里被迫上升成云致雨，形成雨季；冬季时，风自大陆吹向海洋，空气干燥，伴以下沉，天气晴好，形成旱季。

亚洲地区是世界上最著名的季风区，其季风特征主要表现为存在两支主要的季风环流，即冬季盛行东北季风和夏季盛行西南季风，并且它们的转换具有暴发性的突变过程，中间的过渡期很短。一般来说，11 月至翌年 3 月为冬季风时期，6 ~9 月为夏季风时期，4 ~5 月和 10 月为夏、冬季风转换的过渡时期。但不同地区的季节差异有所不同，因而季风的划分也不完全一致。

季风活动范围很广，它影响着地球上 1/4 的面积和 1/2 人口的生活。西太平洋、南亚、东亚、非洲和澳大利亚北部，都是季风活动明显的地区，尤以印度季风和东亚季风最为显著。中美洲的太平洋沿岸也有小范围季风区，而欧洲和北美洲则没有明显的季风区，只出现一些季风的趋势和季风现象。

冬季，大陆气温比邻近的海洋气温低，大陆上出现冷高压，海洋上出现相应的低压，气流大范围从大陆吹向海洋，形成冬季季风。冬季季风在北半球盛行北风或东北风，尤其是亚洲东部沿岸，北向季风从中纬度一直延伸到赤道地区，这种季风起源于西伯利亚冷高压，它在向南爆发的过程中，其东亚及南亚产生很强的北风和东北风。非洲和孟加拉湾地区也有明显的东北风吹到近赤道地区。东太平洋和南美洲虽有冬季风出现，但不如亚洲地区显著。



夏季，海洋温度相对较低，大陆温度较高，海洋出现高压或原高压加强，大陆出现热低压；这时北半球盛行西南和东南季风，尤以印度洋和南亚地区最显著。西南季风大部分源自南印度洋，在非洲东海岸跨过赤道到达南亚和东亚地区，甚至到达我国华中地区和日本；另一部分东南风主要源自西北太平洋，以南或东南风的形式影响我国东部沿海。

夏季风一般经历爆发、活跃、中断和撤退 4 个阶段。东亚的季风爆发最早，从 5 月上旬开始，自东南向西北推进，到 7 月下旬趋于稳定，通常在 9 月中旬开始回撤，路径与推进时相反，在偏北气流的反击下，自西北向东南节节败退。

**鸟类迁徙现象**

鸟类的迁徙每年在繁殖区和越冬区之间周期性地发生，大多发生在南北半球之间，少数在东西方向之间。人们按鸟类迁徙活动的有无把鸟类分为候鸟和留鸟。留鸟终年留居在出生地，不发生迁徙，如麻雀、喜鹊等。候鸟中夏季飞来繁殖、冬季南去的鸟类被称为夏候鸟，如家燕、杜鹃等；冬季飞来越冬、春季北去繁殖的鸟类称为冬候鸟，如某些野鸭、大雁等。

候鸟指一年中随着季节的变化，定期的沿相对稳定的迁徙路线，在繁殖地和越冬地之间作远距离迁徙的鸟类。候鸟的迁徙通常为一年两次，一次在春季，一次在秋季。春季的迁徙，大都是从南向北，由越冬地区飞向繁殖地区。秋季的迁徙，大都是从北向南，由繁殖地区飞向越冬地区，但是几乎没有一种鸟是从它的繁殖地区笔直地飞往越冬地区的，而且中途还要多次在合适的驿站作停留。各种鸟类每年迁徙的时间是很少变动的。迁飞的途径也都是常年固定不变的，而且往往沿着一定的地势，如河流、海岸线或山脉等飞行。许多种鸟类，南迁和北徙，是经过同一条途径。各种鸟类迁徙的途径，是不相同的。雁类、鹤类等大型鸟类在迁飞的时候，常常集结成群，排成“一”字形或“人”字形的队伍；而家燕等体形较小的鸟类，则组成稀疏的鸟群；猛禽类的迁徙却常常是单独飞行，个体之间总是保持着一定的距离。绝大多数鸟类在夜间迁飞，以躲避天敌的袭击，特别是食虫鸟类，而猛禽大多在白天迁飞。

1. 夏候鸟：夏季在某一地区繁殖，秋季离开到南方较温暖地区过冬，翌春又返回这一地区繁殖的候鸟，就该地区而言，称为夏候鸟。

2. 冬候鸟：冬季在某一地区越冬，翌年春天飞往北方繁殖，到秋季又飞临这一地区越冬的鸟，就该地区而言，称为冬候鸟。

3. 旅鸟：候鸟迁徙时，途中经过某一地区，不在此地区繁殖或越冬，这些种类就称为该地区的旅鸟。

因此，同一种鸟在一个地区是夏候鸟，在另一个地区则可能是冬候鸟。

鸟类的迁徙

### 鸟类迁徙的时间规律

1. 鸟类迁徙的年节律

鸟类迁徙通常是一年两次，即春季由越冬地迁往营巢地，秋季由营巢地迁往越冬地。其迁徙日期因种而异，同时也受环境因子（营养等）的制约。迁到营巢地的日期与良好的生态条件来临的日期有关，每种鸟迁来和迁去的日期也有一定出入，一般来说，春季迁来营巢地较早的鸟，迁离的时间较早，迁来晚的鸟，迁离的时间也较晚。

2. 鸟类迁徙的日节律

在鸟类迁徙的过程中，不同种鸟类不仅在年节律上有变化，在一日之间也有变化。一般有昼间迁徙和夜间迁徙以及昼夜迁徙等不同类型。各类型迁徙都有起始时间、高潮时间、结束时间的变化规律。食虫鸟类迁徙的时间大多是在夜晚，而大多数猛禽则是在白天进行迁徙。



### 鸟类迁徙节律与迁徙距离和气候的关系

由于鸟类体形大小、食物特点和迁徙距离有所不同，各种鸟类迁徙的次序是不同的。观察表明，在春季北迁中各种鸟迁徙的顺序不明显，而在秋季南迁中，一般小型鸟先行南迁，大型鸟最后迁往南方。迁徙旅途较远的鸟，春季开始迁飞的时间早，而秋季返回的时间却较晚。鸟类何时开始迁徙受多种因素制约，包括其内部的生理准备和外部环境条件（如日照长度、温度、降雨等）的影响。一般来说，天气因素作用较明显。

### 鸟类迁徙及其起因

目前研究的结果表明，许多鸟类都进行季节性迁徙。在古北区陆地繁殖的589种鸟类中有40%的种类，总共大约50亿只鸟，每年要飞到南方去越冬，这还不包括在本区类迁徙的鸟类。在加拿大繁殖的雀形目鸟类有160种，其中120种进行迁徙，占75%。

鸟类的迁徙往往是结成一定的队形，沿着一定的路线进行。迁徙的距离有近的，也有远的，从几千米到几万千米。最长的旅程可要数北极燕鸥，

远到1.8万千米。此鸟在北极地区繁殖，却要飞到南极海岸会越冬。在迁徙时，鸟类一般飞得不太高，只有几百米左右，仅有少数鸟类可飞越珠穆朗玛峰。迁行时飞行速度从40~50千米/小时，连续飞行的时间可达40~70小时。

许多鸟类在迁徙前必须储备足够的能量。这是对长距离的飞行的适应。能量的储备方式主要是沉积脂肪。脂肪不仅为候鸟提供能量，而且脂肪代谢过程中所产生的水分也能为身体所利用。许多鸟类因储存脂肪而使体重大为增加，甚至成倍增加。例如北美的黑顶白颊林莺和欧洲的水蒲苇莺的体重一般为11克左右，但在迁徙前可达22克左右，所沉积的脂肪可供其飞行100小时左右。



引起鸟类迁徙的原因很复杂。现在一般认为，鸟类的迁徙是对环境因素周期性变化的一种适应性行为。气候的季节性变化，是候鸟迁徙的主要原因。由于气候的变化，在北方寒冷的冬季和热带的旱季，经常会出现食物的短缺，因而迫使鸟类种群中的一部分个体迁徙到其他食物丰盛的地区。这种行为最终被自然界选择的力量所固定下来，成为鸟类的一种本能。

迁徙给鸟类带来许多好处，主要表现在：①使鸟类始终生活在最适的气候里，并有丰富多样的食物来源，有利于维持它们强烈的代谢；②迁徙还能为养育后代创造最合适的条件，因为养育后代需要大量的食物；③在北方能最大量地孵卵，季节昼长，有丰富的昆虫，亲鸟能有机会充分收集食物；④在北方敌害较少，而且这一年一度的脆弱幼鸟的出现不会促使敌害种群形成；⑤迁徙能使活动空间大为扩展，有利于繁殖和争夺占区的行为；⑥有利于自动平衡，能使鸟关避免气候悬殊；⑦迁徙提供了鸟类种群向新的分布区扩散以及不同个体间接触和交配的机会，因而在进化方面也具有十分重要的意义。

鸟类的迁徙行为也是在进行过程中产生的。由于环境不断变化，自然也一直处于发展变化之中。即使到了今天，迁徙的行为仍在这些鸟类中形成和消失。例如野生的金丝雀从前是地中海地区的一种留鸟。在过去的几十年里，分布区已扩展到欧洲大陆波罗的海地区，现在在地中海地区这种鸟仍为留鸟，但在新的分布区内变成了一种候鸟。

## 四季的河流结冰，封冻，解冻现像

一年四季，河水因热量变化会产生结冰、封冻和解冻现象。当河水温度降至0°C并略呈过冷却时，河水表面和水内迅即出现冰象，经过淌凌，达到全河封冻。春季当太阳辐射增强，气温高于0°C时，河冰迅速融化，经过淌凌，直至全河解冻，冰情终止。自古人们就取河冰消暑和储存食品，利用河冰作为渡桥，方便交通。河冰也给人类带来危害。河道封冻，航运中断；河道冰花含量增多，会堵塞水库引水口拦污栅；冰层的膨胀常导致建筑物和护坡的破坏；冰塞和冰坝常酿成严重水灾。

冬天，当气温下降到0°C以下，水面蒸发的水分子冻成冰晶，落回水面，水中出现凝结核，产生水面或水中冰晶。河流冻结过程包括薄冰、岸冰、水内冰的形成和流冰等过程。薄冰，河水温度冷却至0°C时，水面形成冰晶。初成的冰晶体被释放的潜热融化，河水紊动使冻结放出的热量（结冰热）逸出河面，河水出现过冷却状态，水面又产生冰晶体。继续过冷却，至零下百分之几度时，较多的冰晶体聚集在一起，形成松散易碎的薄冰。岸冰或称冰凇，河岸因岩土失热较快，岸边河水流速较低，冰晶体生成较早。初生岸冰呈薄而透明的冰层，固定在岸边，如河水冷却较快，厚度和宽度迅速增长。河中冰花因水流和风的作用，在岸边聚集，冻结成沿岸冰带，称冲积岸冰。水内冰，发生岸冰的同时，如流速降低，河水内存在低于零度的过冷却水，便在过冷却水的任何部位产生冰晶体，结成多孔而不透明的海绵状冰团，称为水内冰，或称深冰。在河底附着的称为底冰或锚冰。悬浮状态的冰屑，称为冰花。水内冰的数量由水面向河底递减。中国东北和西北的一些河流，由于坡陡流急，含沙少，冬季气温低，河水处于过冷却状态，只在河底砾石间流速最低，故最先结成底冰。底冰增大露出水面的称冰礁。流冰（又称流凌）：水内冰的体积不断增大，浮至水面，与河面冰晶等顺流而下称流冰，或秋季淌凌。

河流封冻，经历冰盖形成与冰盖增厚两个阶段。当流冰冰质较硬，呈圆盘状，而且宽度大于整个水面宽约70%时，在排泄不畅的狭窄段、陡弯和浅滩等处，凌块受阻，互相冻结，逆流而上，形成冰盖，出现封冻。封

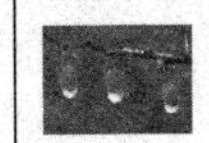

冻冰面较平整的称平封，若凌块受水流或风力作用呈倾斜叠置的称立封。封冻初期，有些仍敞露的自由水面称清沟。清沟与冷空气接触，不断产生过冷却水和冰晶体，成为下游冰花的来源。当封冻冰层下有足够数量的冰花时，河道被冰花和细碎冰阻塞，称冰塞。在一定条件下，可形成长距离的冰塞段，影响水流排泄，使上游水位上涨。冰盖主要是在冰下增厚，也可以从冰面增厚。冰厚增长一般与负累积气温值有较好的线性关系。在中、小河流上，冰盖增厚直至河底，称连底冻。

在气温回升至0℃以后，河冰迅速融化。冰面如有极薄的一层尘土，会加速冰的融化。河岸土壤吸热较冰层多，沿岸冰层首先消融，出现自由水面，称脱岸。如果上游来水温度较高，会加速冰盖下部融化，由于水流或大风作用，产生冰层滑动，甚至断裂。碎冰顺流而下称春季淌凌。河流解冻期间，如气温升高很快，或上游来水突然增加，可使河冰突然破裂，迅速解冻，此称武开河解冻形势。如上游适时运用水工建筑物，控制下泄流量，分段解冻，冰凌畅流而下，此称文开河解冻形势。流冰有时在河段堆积卡塞，形成冰坝。冰坝多发生在自南向北的河段上，如黄河山东、内蒙河段，松花江依兰河段等。冰坝形成后，上游水位猛烈抬升，极易造成淹没。冰坝溃决时，河水迅速下泄，流冰多而密集，对沿河水工建筑物的威胁很大。



**不同的季节的雾，预示着不同的天气**

雾是千变万化的，纷繁复杂的，但不外乎辐射雾、平流雾两种。现象虽纷纭，本质都是一个：水气遇冷凝结而成。有时雾出预报晴，有时雾出预报雨，似乎混乱不堪，但是只要掌握了辐射雾、平流雾的特征，多方观察，仔细分析，就能准确地抓住雾与天晴、落雨的规律，以便预测天气了。这对于农业、交通、航天、航海都有用处。

雾与未来天气的变化有着密切的关系。自古以来，我国劳动人民就认识这个道理了，并反映在许多民间谚语里。如：“黄梅有雾，摇船不问路。”这是说春夏之交的雾是雨的先兆，故民间又有“夏雾雨”的说法。又如：“雾大不见人，大胆洗衣裳。”这是说冬雾兆晴，秋雾也如此。

准确地看雾知天，还必须看雾持续的时间。辐射雾是由于天气受冷，

清晨的雾

水气凝结而成，所以白天温度一升高，就烟消云散，天气晴好；反之，“雾不散就是雨”。雾若到白天还不散，第二天就可能是阴雨天了，因此民谚说：“大雾不过晌，过晌听雨响。”

为什么同样是雾，有的兆雨，有的兆晴呢？

这要从气象学的知识里得到解释。只要低层空气的水气含量较多时，赶上夜间温度骤降，水气就会凝结成雾。雾有辐射雾，即在较为晴好、稳定的情况下形成的雾，只要太阳出来，温度升高，雾就自然消失。对此，民间的说法是：“清晨雾色浓，天气必久晴。”“雾里日头，晒破石头。”“早上地罩雾，尽管晒稻。”人们见辐射雾，往往“十雾九晴”，便得出这些说法。



秋冬季节，北方的冷空气南下后，随着天气转晴和太阳的照射，空气中的水分的含量逐渐增多，容易形成辐射雾，因此秋冬的雾便往往能预报明天的好天气。

春夏季节的雾便不同了，它大多来自海上的暖湿空气流，碰到较冷的地面，下层空气也变冷，水气就凝结成雾了。这种雾叫平流雾。它是海上的暖湿空气侵入大陆，突然遇冷而形成的。这些暖湿气流与大陆的干冷空气相遇，自然就阴雨绵绵了。所以春夏雾预示着天气阴雨。

**动物换装**

有许多动物在春夏季的时候，是稀疏的棕黄色或灰褐色的毛，但一到冬天，大地覆盖白皑皑的冰雪时，它们就换上浓密的冬毛，浑身雪白。雪鼬、雪兔、银鼠等动物就是这样。

这些动物的毛色为什么会发生变化呢?

这是由于动物的皮毛中含有各种色素的缘故。冬天来到了，气温很低，食物十分缺乏，加上光照射量的递减，使动物体内新陈代谢起了变化，血液中的养分不够分配到毛的末梢，不能继续形成色素。

冰块原是透明的，如果将它刨成细屑，就同霜、雪相似，呈现了白色。这是由于许多微小的冰晶的空隙反射光线造成的现象。说来也巧，动物的白色原因也是这样。羽毛中的色素消失后，里面充满了许多微小的空气泡，太阳光被反射回来，就呈现了白色。白色也是适应环境的一种保护色，像我国东北森林里的银鼠，夏天皮毛是灰褐色的，到了冬天，就换上了白色。这样，它们在雪地上活动，就不容易被野兽发现。动物变色是为了保护自己。北极地区，终年寒冷。那里的白熊、银狐、白雪枭等的毛色，几乎终年是雪白的。白熊没有被袭击的危险。那么，白熊的白色又是为了什么呢?科学家认为，白熊身披白装，使它容易接近捕猎物，更重要的是，白色可以减少体温的散发。



夏天，人们大都穿白色衣服，这是由于白色最能反射阳光，吸收热量少。同样道理，白色的皮毛团团围住身躯，把体内散发出来的热线反射回去，起了保温的作用。

动物从幼年到老年，毛色也会变淡、变白。白犬和白狐就是这样，这都是色素消失的结果。

至于野生动物中偶然发现一些白化了的个体，这是由于动物细胞内染色体的遗传基因发生突变的结果。

**鱼类四季的洄游现象**

海洋鱼类因季节的变化、寻找食物、生殖等原因，要周期性结群作长距离的定向游动，叫做洄游。鱼类的洄游是一种有一定方向、一定距离、和一定时间的变换栖息场所的运动。这种运动通常是集群的、有规律的、有周期性的，并具有遗传的特性。依据洄游的目的，可以将洄游分为索饵洄游、越冬洄游和产卵洄游。

越冬洄游是指离开摄食区到越冬区的行为。这发生在有越冬区的鱼类。

鱼的洄游现象

鱼类进行越冬的目的为离开摄食区，到另一环境因子较佳且利于防御掠食者的地方。对洄游鱼类来说，这通常是产卵洄游的开端。例如草鱼在秋季结束摄食后，离开湖泊而聚集在河下游的凹洞中。

每种鱼类一般都有一定的适温范围，为了寻找适于它们生存的水温条件，必须随水温的变化而作必要的迁移，称为适温洄游。通常大多数鱼类在春夏季节由南方向北方迁移，秋冬季则由北方向南方迁移，这种随季节到来而出现的规律性迁移，又被称为季节洄游。其中越冬时的洄游一般在索饵洄游之后进行，在这段时间里，鱼类往往停止摄食或摄食很少。



越冬洄游是鱼类由肥育场所或习居的场所向越冬场的洄游。越冬洄游亦称季节洄游或适温洄游。冬季来临前，水文环境的变化，尤其是水温下降，鱼类的活动能力将减低，为了保证在寒冷的季节有适宜的栖息条件，鱼类趋向适温水域作集群性移动。

越冬洄游的特点是洄游方向朝着水温逐步升高的方向，往往由浅水环境向深水环境，或由水域的北部向南部移动，方向稳定。在中国近海，主要是朝南、朝东移动，长江中下游流域中许多大型鲤科鱼类，平时在通江湖泊中摄食肥育，冬季来临前，则纷纷游向干流的河床深处或坑穴中越冬。

鱼类越冬场的位置、洄游路线和速度受水温状况，尤其是受水域等温线分布状况所左右。水温梯度大，鱼群活动范围窄，密度相对就大；降温快，洄游速度相应快。而水温状况则受冷空气和寒潮的次数和强度的影响。

## 南北极四季

### 北极的春夏秋冬

北极与南极一样，有极昼和极夜现象，越接近北极点越明显。北极的冬天是漫长、寒冷而黑暗的，从每年的11月23日开始，有接近半年时间，将是完全看不见太阳的日子。温度会降到零下50℃。此时，所有海浪和潮汐都消失了，因为海岸已冰封，只有风裹着雪四处扫荡。

北极的气候

到了4月份，天气才慢慢暖和起来，冰雪逐渐消融，大块的冰开始融化、碎裂、碰撞，发出巨响；小溪出现潺潺的流水；天空变得明亮起来，太阳普照大地。



五六月份，植物披上了生命的绿色，动物开始活跃，并忙着繁殖后代。在这个季节，动物们可获得充足的食物，积累足够的营养和脂肪，以度过漫长的冬季。

北极的秋季非常短暂，在9月初，第一场暴风雪就会降临。北极很快又回到寒冷、黑暗的冬季。

在北极，太阳永远升不到高空中，即使在仲夏时节，它升起的角度也不超过23.5度。北极的年降水量一般在100～250毫米，在格陵兰海域可达500毫米，降水集中在近海陆地上，最主要的形式是夏季的雨水。

北冰洋的冬季从11月起直到次年4月，长达6个月。5、6月和9、10月分属春季和秋季。而夏季仅7、8两个月。1月份的平均气温介于零下20℃～零下40℃。而最暖月8月的平均气温也只达到零下8℃。在北冰洋极点附近漂流站上测到的最低气温是零下59℃。由于洋流和北极反气旋的影响，北极地区最冷的地方并不在中央北冰洋。在西伯利亚维尔霍杨斯克曾记录到零下70℃的最低温度，在阿拉斯加的普罗斯佩克特地区也曾记录到零下62℃的气温。

越是接近极点，极地的气象和气候特征越明显。在那里，一年的时光只有一天一夜。即使在仲夏时节，太阳也只是远远地挂在南方地平线上，发着惨淡的白光。太阳升起的高度从不会超过23.5度，它静静地环绕着这无边无际的白色世界缓缓移动着。几个月之后，太阳运行的轨迹渐渐地向地平线接近，于是开始了北极的黄昏季节。

### 南极的季节

南极洲仅有冬、夏两季之分。4~10月是冬季，11~3月是夏季。南极沿海地区夏季月平均气温在0℃左右，内陆地区为零下15℃~零下35℃；冬季沿海地区月平均气温在零下15℃~零下30℃，内陆地区为零下40℃~零下70℃。在极点附近冬季为极夜，这时在南极圈附近常出现光彩夺目的极光；夏季则相反，为极昼，太阳总是倾斜照射。



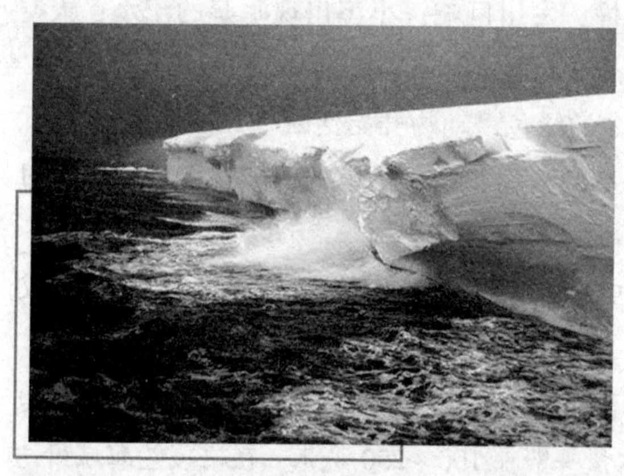

南极洲

南极夏季冰架面积达265万平方千米，冬季可扩展到南纬55度，达1880万平方千米。总贮冰量为2930万立方千米，占全球冰总量的90%。如其融化全球海平面将上升大约60米。南极冰盖将1/3的南极大陆压沉到海平面之下，有的地方甚至被压至1000米以下。南极冰盖自中心向外扩展，在山谷状地形条件下，冰的运动呈流动状，于是形成冰川，冰川运动速度从100~1000米不等。每年因断裂而被排入海洋巨型冰块则形成冰山。沿海触地冰山可存在多年，未触地冰山受潮汐与海流作用漂移北上而逐渐融化。南极素有“寒极”之称，南极低温的根本原因在于南极冰盖将80%的太阳辐射反射掉了，致使南极热量入不敷出，成为永久性冰封雪覆的大陆。

### 南北极圈的极昼极夜现象

极昼只会出现在南极圈和北极圈，当南极出现极昼的时候，北极就出现极夜，反之一样。因为地球转动是倾斜的，所以在夏季的时候，地球转动时，北极朝向太阳，尽管地球怎样转，也总是朝向太阳，所以就出现极昼了，反之一样。而南极圈和北极圈是对立的，所以北极出现极昼时，南极就出现极昼了，反之也一样。极昼和极夜只会出现在夏季和冬季：

极昼现象

北极圈极昼、南极圈极夜出现在夏季。

北极圈极夜、南极圈极昼出现在冬季。

极夜又称永夜，是在地球的两极地区，一日之内，太阳都在地平线以下的现象，即夜长超过24小时。北极和南极都有极昼和极夜之分，一年内大致连续6个月是极昼，6个月是极夜。在一个月的极夜时期里，有15天可见月亮（圆、缺），另外15天见不到月亮。“北极昼”的景色是十分奇妙的。它每天24小时始终是白天，要是碰上晴天，即使是午夜时刻也是阳光灿烂，就像大白天一样的明朗。在“北极昼”的日子里，街上的路灯都是通夜不亮的，汽车前的照明灯也暂失去了作用。家家户户的窗户上都低垂着深色的窗帷，这是人们用来遮挡光线的。可是，当“北极夜”到来的时候，那里又是另一番景象了。在漫漫长夜中，除中午略有光亮外，白天也要开着电灯哩！因为在“北极夜”里，太阳始终不会升上地平线来，星星也一直在黑洞洞的天空闪烁。一年中有半个月的时间，可以看见或圆或缺的月亮整天在天际四周旋转。另外半个月的时间，则连月亮也看不见。这种奇特的景象，在北极中央地带要从9月中旬到第二年3月中旬，持续半年的时间。

如果太阳直射点在哪个半球，另个一个半球的极地附近就会出现极夜现象。

极昼的范围与太阳直射点纬度有关，其边界与极点的纬度差就是太阳直射点的纬度。

所以：春分过后，南极附近就会出现极夜，此后极夜范围越来越大；至夏至日达到最大，边界到达南极圈；夏至日过后，南极附近极夜范围逐渐缩小，至秋分日缩至0；秋分过后，北极附近出现极夜，此后北极附近的极夜范围越来越大；至冬至日达到最大，边界到达北极圈；冬至日过后，北极附近极夜范围逐渐缩小，至春分日缩至0。

如此周而复始，其周期为一个回归年。

由于存在着极昼和极夜，在漫长的白天，动物们必须积累足够的能量，从而不停地进食，并且还要高效率地养育后代，这样当永夜来临时，除部分迁徙到南方去的动物外，那些留下来的动物便可以渡过最为艰难的时期。



北极地区的生活环境是十分单调的，一年四季白雪皑皑，没有明显的季节变化，人们看不到植物发芽、生长、开花、结果的变化过程。一年之中半年极昼、半年极夜的现象扰乱了人们的生理时钟。极昼期间，白天难以人睡，所以北极土著居民有睡眠少的特点；冬季长夜漫漫，人们的活动以室内为主，经常关在屋里的人会患上“室内热症”。毕竟现代文明为北极地区的居民提供了舒适温暖的生活——窗外零下30℃，人们可以在室内温水游泳池游泳，在体育馆打篮球、排球，孩子们可以玩电子游戏机；卫星通讯技术的发展，同样使北极地区的居民每天晚上安然地收看自己喜爱的节日；直升飞机忙于运送各种物资，把你载到你想去的地方。正如中国人把北大荒变成北大仓，人类目前正致力于把荒芜的北极变成能源基地。当然，现在这里的生活还是十分艰苦，在未来的岁月里人类还要努力解决许多问题。

3月21日到9月23日，北极点出现极昼，南极点出现极夜。

9月23日到第二年3月21日，南极点出现极昼，北极点出现极夜。

6月22日，北极圈上出现极昼，南极圈上出现极夜。

12月22日，南极圈上出现极昼，北极圈上出现极夜。

极圈到极点之间，越靠近极点极昼极夜的时间长度越接近半年，越靠近极圈极昼极夜的时间长度越接近一天。

极昼与极夜是南极的奇观之一。它给人们对这块神秘的土地以更丰富的遐想。

所谓极昼，就是太阳永不落，天空总是亮的，这种现象也叫白夜；所谓极夜，就是与极昼相反，太阳总不出来，天空总是黑的。在南极洲的高纬度地区，那里没有“日出而作，日落而息”的生活节律，没有一天24小时的昼夜更替。昼夜交替出现的时间是随着纬度的升高而改变的，纬度越高，极昼和极夜的时间就越长。在南纬90度，即南极点上，昼夜交替的时间各为半年，也就是说，那里白天黑夜交替的时间是整整一年，一年中有半年是连续白天，半年是连续黑夜，那里的一天相当于其他大陆的一年。如果离开南极点，纬度越低，不再是半年白天或半年黑夜，极昼和极夜的时间会逐渐缩短。到了南纬80度，也有极昼和极夜以外的时候才出现1天24小时内的昼夜更替。如果处于极昼的末期，起初每天黑夜的时间很短暂，之后黑夜的时间越来越长，直至最后全是黑夜，极夜也就开始了。而在南极圈（南纬66度33分），一年当中仅有一个整天（24小时）全是白天和一个整天全是黑夜。中国南极长城站（南纬62度13分）处在南极圈外，在12月份的深夜一二点钟，天空仍然蒙蒙亮，眼力好的可以看书写字。极昼和极夜的这种自然现象在地球的另一极北极也同样出现，不过它出现的时间同南极正好相反，北极若处在极昼，则南极为极夜，反之变然。

极昼与极夜的形成，是由于地球在沿椭圆形轨道绕太阳公转时，还绕着自身的倾斜地轴旋转而造成的。原来，地球在自转时，地轴与其垂线形成一个约23.5度的倾斜角，因而地球在公转时便出现有6个月时间两极之中总有一极朝着太阳，全是白天；另一个极背向太阳，全是黑夜。南、北极这种神奇的自然现象是其他大洲所没有的。

### 四季物候现象的来临决定于哪些因素

首先就是纬度（南北的差异），就是说，在不同的纬度上，物候来临的迟早是不同的。例如，越往北桃花开得就越迟，候鸟来得也越晚。值得指出的是物候现象不仅有南北的差异，而且因季节、月份的不同而异。

例如我国地处世界最大大陆——亚欧大陆，大陆性气候极显著；冬冷夏热，气候变化极为剧烈。在冬季南北温度相差悬殊，但到夏季又相差无几。从广东南海沿海直到北纬26度的福州、赣州一带，南北相差5个纬度，春初物候如桃始花相差50天之多，即每一纬度竟相差达10天。在这地区以北，情形比较复杂。如长江黄河下游平原地区，北京和南京相差6个纬度；在阳历三四月间桃李盛花期，前后竟相差19天。但到四五月间柳絮飞、洋槐花开时，南京和北京物候相差只有9天而已。长江黄河大平原上的物候差异尚且不能简单地按纬度计算出来，至于丘陵、山岳地带物候的差异自必更为复杂。

东西的差异，也就是说经度的不同，是影响物候现象的第二个因素。东西的差异，在欧洲主要决定于气候的大陆性强弱不同。凡是大陆性强的地方，冬季严寒而夏季酷暑（我国温带地区就是如此）。反之，大陆性弱（即海洋性气候地区），则冬季既不太冷，夏季也不太热。在欧洲如德国，从西到东，离海渐远，气候的海洋性逐渐减弱，大陆性逐渐增强，所以德国同一纬度的地带，春初东面比西面冷，而到夏季就形成东面比西面热。



我国全国具有大陆性气候，加以天山、昆仑山、秦岭自西向东横亘于中部，因此地形气候与北美、西欧大不相同。天山、昆仑山高耸于西部，在东部则秦岭山脉由西向东渐次降低。到东经116度以东，除了个别山岭如大别山、黄山之外，都是起伏不平的丘陵区。所以冬春从西伯利亚南下的寒潮，可以挟其余威长驱直入，侵扰长江以南的地区。这对物候有很大影响。除了寒潮，风暴影响物候也是常有的事。

我国西南、西北的同一区域的地形高下可以相差很大，物候随地形转移，经度的影响就变为次要的了。

一般说来，在同纬度上，经度和高度对我国的农业生产可能起很大作用。例如在北纬30度左右，稻麦两熟区在岷江流域只能种到2000米的高度；向西至大渡河流域可种到2200米的高度；更向西至金沙江流域则可种至2500米的高度。

影响物候的第三个因素是高下的差异。植物的抽青、开花等物候现象在春夏两季越往高处越迟，但到了秋季，如乔木的落叶等现象则越往高处

越早。不过在研究这一因素时，也应该考虑到会有例外的情况。例如秋冬之交，在天气晴朗的空中，常会出现一种特殊的现象：在一定高度上，气温不但不比低处低，反而更高。这叫逆温层。这一现象在山地秋冬两季，尤其是这两季的早晨，极为显著。我国华北和西北一带，不但秋季逆温层极为普遍，而且远比欧洲的高而厚，常可高达1000米。在华南丘陵区把热带作物引种在山腰很成功，在山脚反而不合适，就是这个道理。

第四个因素是古今的差异。就是说古代和现代，物候的迟早是不同的。利用历史上的物候记录能否证明这一点呢？西洋最长久的实测物候记录是英国马绍姆家族祖孙五世在190年的时间里对诺尔福克地方的物候记录。这长年记录已在英国皇家气象学会学报上得到详细分析，并与该会各地所记录的物候作了比较。著者马加莱从7种乔木春初抽青的物候记录得出如下结论：物候是周期性波动的，其平均周期为12.2年；物候的迟早与太阳黑子周期有关……近12年来，北京春季的物候也似乎有周期性的起伏。物候最迟是在1956~1957年，而1957年正是太阳中黑子最多年。根据英国马绍姆家族所记录的长期物候，我们可以把18世纪和20世纪物候的迟早作一比较。如以1741~1750年10年平均和1921~1930年10年平均的春初7种乔木抽青与始花的日期相比较，则后者比前者早9天。换言之，20世纪的30年代比18世纪中叶，英国南部的春天要提前9天。



**七十二物候表**

立春：立春之日东风解冻，又五日蛰虫始振，又五日鱼上冰（鱼陟负冰）。

雨水：雨水之日獭祭鱼，又五日鸿雁来（候雁北），又五日草木萌动。

惊蛰：惊蛰之日桃始华，又五日仓庚鸣，又五日鹰化为鸠。

春分：春分之日玄鸟至，又五日雷乃发声，又五日使电。

清明：榖雨之日桐始华，又五日田鼠化为鴽，又五日虹始见。

谷雨：清明之日萍始生，又五日鸣鸠拂奇羽，又五日戴胜降于桑。

立夏：立夏之日蝼蝈鸣，又五日蚯蚓出，又五日王瓜生。

小满：小满之日苦菜秀，又五日靡草死，又五日小暑至（麦秋生）。

芒种：芒种之日螳螂生，又五日鵙始鸣，又五日反舌无声。

夏至：夏至之日鹿角解，又五日蜩始鸣，又五日半夏生。

小暑：小暑之日温风至，又五日蟋蟀居辟，又五日鹰乃学习（鹰始挚）。

大暑：大暑之日腐草为蠲，又五日土润溽暑，又五日大雨时行。

立秋：立秋之日凉风至，又五日白露降，又五日寒蝉鸣。

处暑：处暑之日鹰乃祭鸟，又五日天地始肃，又五日禾乃登。

白露：白露之日鸿雁来，又五日玄鸟归，又五日群鸟养羞。

秋分：秋分之日雷始收声，又五日蛰虫培户，又五日水始涸。

寒露：寒露之日鸿雁来宾，又五日雀入大水为蛤，又五日菊有黄华。

霜降：霜降之日豺乃祭兽，又五日草木黄落，又五日蛰虫咸俯。

立冬：立冬之日水始冰，又五日地始冻，又五日雉入大水为蜃。

小雪：小雪之日虹藏不见，又五日天气上腾地气下降，又五日闭塞而成冬。



大雪：大雪之日鹖旦不鸣，又五日虎始交，又五日荔挺生。

冬至：冬至之日蚯蚓结，又五日麋角解，又五日水泉动。

小寒：小寒之日雁北乡，又五日鹊始巢，又五日雉始鸲。

大寒：大寒之日鸡使乳，又五日鸷鸟厉疾，又五日水泽腹坚。

# 四季与人类

## 四季与农业生产

### 春雨惊春清谷天

#### 新春伊始——立春



立春位于二十四节气之首。所谓立春就是春天的开始的意思，如《月令七十二候集解》：“正月节，立，建始也……立夏秋冬同。”立春一般位于每年的 2 月 4 号或 5 号，此时太阳到达黄经 315 度。

立　春

根据中国古代的分法，立春的十五天可以分为三候：“一候东风解冻，二候蜇虫始振，三候鱼陟负冰”。意思是说，前五日温暖的东风吹起，大地和解冻；五日后，蛰居的昆虫逐渐苏醒过来；再过五日，冰河开始融化，鱼开始到水面上游动，并且经常顶动未化开的冰片。事实也是如此，立春一到，万物复苏，春回大地，生机四起，万象更新。北国那种千里冻封、万里雪飘的景象快要结束了，春天就此开始。由于在天文历法上通常以自“冬至”之日起的第45或46天作为“立春”之日固定不变，由此便产生了人们常说的春搭五九尾或春搭六九头的节气谚语。

立春之后，气温、日照、降水都渐渐趋于上升或增多。此时作物的长势明显，并有加快的趋势。油菜抽苔和小麦拔节时的需水量增加，于是农民们会及时的浇水，同时也适当的增加肥料来促进作物的生长。农谚有云：“立春雨水到，早起晚睡觉”，意思是大春备耕工作开始了。尽管立春，但是仍然春寒料峭，在华南大部分地区还是一片寒冷情景。种种的气候特点在安排农事活动中都有着影响。这里有一首农事歌，概括了这一时段的农事活动：



走亲访友把年拜，莫忘怎样种好田。
二十四节掌握好，才能丰收夺高产。
看天看地讲科学，农林牧渔齐发展。
土地渐渐把冻化，耙耢保墒莫迟缓。
划锄耙压冬小麦，保墒增温分蘖添。
抗旱双保不能忘，开动机器灌春田。
农具机械早筹措，化肥农药备齐全。
粮棉种子准备足，优良品种要精选。
瓜菜窖子常检查，大棚瓜菜要细管。
林木果树看管好，严防破坏和糟践。
畜禽饲喂要认真，疫病防治须普遍。
鱼塘昼夜常巡逻，管鱼胜似管粮棉。
万众齐把春潮闹，争取又一丰收年。

细雨润物——雨水

正如其名，雨水这个节气标志着大范围降雪已经停止，开始进入下雨季节（但不排除有时的小雪），中国东南方的暖湿气流开始登陆，雨水逐渐增多。自然界逐渐被勾勒出一幅“十里莺啼绿映红，春雨润物细无声”的画面。雨水一般处于每年的 2 月 18 日前后，此时太阳到达黄经 330 度。节气名称的意思基本有 2 个：①降雨随天气回暖而逐渐增多。②说明降雪减少而多为降雨了。《月令七十二候集解》：“春始属木，然生木者必水也，故立春后继之雨水。且东风既解冻，则散而为雨矣。”

因为这一时期降水对农作物的生长有特别重要的影响，所以有“春雨贵如油”的谚语。然而，在这一时期的华北、西北以及黄淮地区一般降水量很少，因此，常常不能满足农业生产的需要。在早春少雨的情况下，如果在雨水这一节气的前后及时补水灌溉可以大大提高农作物的经济效益。淮河以南地区在此阶段则应该加强耕锄，搞好田间的水道，防止春雨过多。“麦浇芽，菜浇花”，对起苔的油菜要及时追施苔花肥，来增加荚、增重粒。在华南地区，这一时期正是双季早稻育秧的时候，要趁晴天播种。



古代将雨水也分为三候：“一候獭祭鱼；二候鸿雁来；三候草木萌劝。”意思是说，这个节气水獭开始捕鱼了，把鱼摆在岸边如同先祭后食的样子；5 天后，大雁便从南方飞回北方；再过 5 天，草木就在春雨中随地中阳气的上腾而开始抽出嫩芽。大地逐渐形成一片欣欣向荣的景象。

这个节气的前后，天气变化异常，全年的寒潮似乎都出现在这个时节。冷热的变化和乍暖还寒的天气对返青生长的作物和人们的健康有很大的危害。这时候，要特别注意对农作物，特别是大棚蔬菜作好防寒防冻工作。

### 春雷萌动——惊蛰

惊蛰之意就是惊醒了蛰伏在土地中冬眠的动物。这个节气前后有一种很明显的天气变化，就是渐渐出现了春雷。这就解释了冬眠动物为什么会被惊醒了。不光春雷出现，这一时期的气温，特别是地温不断升高。这时地球已经达到太阳黄经 345 度，一般处于每年 3 月 4 日 ~7 日。

一到“惊蛰”，人们自有“平地一声春雷响，惊得万物醒梦乡，花草树木竞相绿，山川将欲换新妆”的感觉。此时步入田间，眼下麦苗已开始展现青色，极目遥望，远山近水，可见已是草色遥看近却无，路旁杨花将欲吐的景象。古代也惊蛰分为三候：“一候桃始华；二候仓庚（黄鹂）鸣；三候鹰化为鸠。”意思是，已经到了桃花红、李花白，黄莺鸣叫、燕飞来的时节，大部分地区都已进入了春耕。《月令七十二候集解》中说：“二月节，万物出乎震，震为雷，故曰惊蛰。是蛰虫惊而出走矣。”陶渊明有诗云：“促春遘时雨，始雷发东隅，众蛰各潜骇，草木纵横舒。”

惊　蛰



惊蛰时节正是“九九”的艳阳天，气温回升很快，雨水也逐步增多。这时候全国大部分地区的平均气温已经上升到了0℃以上，而在华北和沿江江南地区的平均气温则达3℃~8℃，西南和华南地区则达10℃~15℃。中国劳动人民自古就十分重视惊蛰，将其视为春耕开始的节气。唐诗有曰：“微雨众卉新，一雷惊蛰始。田家几日闲，耕种从此起。”还有“过了惊蛰节，春耕不能歇”、“九尽杨花开，农活一齐来。”的农谚。

“惊蛰不耙地，好比蒸馍走了气”，这是华北人民防旱保墒的经验之谈。华北地区在这个时期开始返青生长，但是土壤仍冻融交替，而及时耙地是减少水分蒸发的重要措施。于此不同的是，在沿江江南地区，小麦已经拔节，油菜也开始见花，因此，对水、肥的要求提高，应该及时追肥，还要在干旱少雨的地方适当浇水灌溉。南方的一些地区雨水比较充足，因此可以满足作物生长的水分需求，但要注意防止湿害。有俗话说“麦沟理三交，赛如大粪浇”、“要得菜籽收，就要勤理沟”。可见搞好清沟沥水的重要性。

这一时期，华南地区应该抓紧早稻的播种，还要做好防寒工作。茶树随着气温的回升渐渐开始萌芽，必要的修建和“催芽肥”可以促进其多分枝、发叶，提高茶叶产量。果树此时也要注意施好花前肥。惊蛰时节，温暖的气候条件利于多种病虫害的发生和蔓延，田间杂草也相继萌发，应及时搞好病虫害防治和中耕除草。“桃花开，猪瘟来”，家禽家畜的防疫也应引起重视。

昼夜等分——春分

春分一般位于3月下旬。古时又称为“日中”、“日夜分”、“仲春之月”，在每年的3月21日前后（20日~22日）交节，农历日期不固定，这时太阳到达黄经0度。自此开始，气温明显回升（在气象上称之北方春天开始），这一天白天与黑夜时间基本上各占一半。如细心观察，这时期太阳正东升起，正西落下。

古代也将春分分为三候：“一候元鸟至；二候雷乃发声；三候始电。”意思是说，春分之后，燕子会从南方飞回；下雨时天空中的雷声会伴着闪电。



“春分”的到来，人们明显地感到天明得早，给从事农业的人们一种时间上的紧迫感。此时在物候上，杨花竞开、柳枝呈绿，田间小麦起身，可谓春日一刻值千金。俗话说，春争日、夏争时，误了农时怨自己。要求人们要从前段时间的冬闲欢乐、意犹未尽的精神状态下迅速解脱出来，同时提醒人们春季时光如从“立春”算起已过去一半了，要尽快投入紧张的生产劳动中去。

春分时节，除了高寒地区和高纬度地区以外，全国各地的平均气温稳定地达到0℃以上，气温回升较快，特别是在华北地区和黄淮平原地区，日平均气温几乎与多雨的沿江江南地区同时升达10℃以上而进入明媚的春季。在辽阔的大地上，已经是岸柳青青，莺飞草长，小麦拔节，油菜花香，桃红李白迎春黄。此时的华南地区更是一派暮春景象。

春　分

从气候规律角度来说，江南的降水在此时迅速增多，进入“桃花汛”期；但是在东北、华北和西北广大地区的降水却很少，于是这些地区的抗旱工作十分突出。“春分麦起身，一刻值千金”，北方少雨的地区要抓紧春灌，浇好拔节水，施好拔节肥，注意防御晚霜冻害；而南方则需搞好排涝防渍。

在江南地区的早稻育秧、江淮地区的早稻薄膜育秧工作已经开始，因此时的天气冷暖变化频繁，要注意对冷空气的应对。谚语说“冷尾暖头，下秧不愁。”此时要根据天气情况，进行合理的播种。春茶此时要及时施加速效肥料，防止虫害，保证茶叶的质量。

三月迎节——清明



清明一般位于4月上旬。在二十四个节气中，只有清明既是节气又是节日。清明节古时也叫三月节，公历每年的4月4日至6日之间为清明节。清明作为节日，与纯粹的节气又有所不同。节气是我国物候变化、时令顺序的标志，而节日则包含着一定的风俗活动和某种纪念意义。

清　明

此时气候转暖，草木萌动，天空清澈明净，万物欣欣向荣。《岁时百问》中云：“万物生长此时，皆清洁而明净。故谓之清明。”意思是说，清明一到，气温升高，雨量增多，正是春耕春种的大好时节。因此有“清明前后，点瓜种豆”、“植树造林，莫过清明”等农谚。由此可见，这个节气与农业生产有十分密切的关系。

“清明”时节，春风和熙，春意盎然，置身其境，但见春光明媚，春景如画，更有千山秀色，万木峥嵘，草木青青，心旷神怡的明快感觉。清明期间，人们往往会结伴外出，郊游踏青或行田间，或临溪流；或登山岗，或赏林木。有兴趣者，更会扎架子荡秋千、放风筝飞鹞子，甚至携带妻女到野外去挖荠菜等等。这一天如遇阴雨，更会有另一番情趣。人们便会联想到“沾衣欲湿杏花雨，吹面不寒杨柳风”；“清明时节雨纷纷，路上行人欲断魂，借问酒家何处有，牧童遥指杏花村”；“南朝四百八十寺，多少楼台烟雨中”等的描春诗句而更使人感到韵味无穷。国家机关、学校、团体也在这一节气期间组织人们去陵园、公墓对革命先烈进行凭吊、悼念和祭扫活动。农家则多有上坟拜墓的习俗。那种清明祭扫各纷然，泪血染成红杜鹃，夜归儿女笑灯前的景象不时映入眼帘。

雨生百谷——谷雨



谷雨一般位于4月下旬，即每年4月19日～21日。谷雨之意为“雨生百谷”。此时自然界雨量开始增多，大大有利于谷类农作物的生长。《月令七十二候集解》：“三月中，自雨水后，土膏脉动，今又雨其谷于水也。雨读作去声，如雨我公田之雨。盖谷以此时播种，自上而下也。”许多作物在此节气前后即开始种植。常言道，“谷雨”前好种棉，“谷雨”后好种豆。天气的温和，雨水的增多，对谷类作物的生长发育影响很大，有利于作物的返青和播种。所谓“雨生百谷”，也就形象地反映了“谷雨”的现代农业气候意义。

谷 雨

古代谷雨也分为三候：“第一候萍始生；第二候鸣鸠拂其羽；第三候为戴胜降于桑。”意思是说，这一时期浮萍开始生长，接着布谷鸟开始提醒人们播种，最后是桑树上能见到戴胜鸟。农谚有云：“谷雨前，好种棉”，又云："谷雨不种花，心头像蟹爬"。棉农把谷雨节作为棉花播种指标，编成谚语，世代相传。谷雨节的天气谚语大部分围绕有雨无雨这个中心，如"谷雨阴沉沉，立夏雨淋淋"、"谷雨下雨，四十五日无干土"等等。还有谷雨节气如气温偏高，阴雨频繁，会使三麦病虫害发生和流行，根据天气变化，搞好三麦病虫害防治。

谷雨前后气温稳定，一般情况天气较暖，雨量显著增加，这时期雨水对越冬作物生长和春播的种子发芽出苗有利。但雨水过多或严重干旱则往往造成危害，影响后期产量。另外，谷雨节也是一年中气温日较差较大的时期，时而出现较高的温度，时而有强冷空气南下，造成剧烈降温，甚至会出现冰雹等灾害性天气。这对小麦、油菜的成熟和春播造成一定的威胁。



## 夏满芒夏暑相连

### 春过迎夏——立夏

立夏一般处于5月上旬，每年的5月5日或6日，这一天标志着春天已经过去，被认为是夏天开始的日子。《月令七十二候集解》："立，建始也，"、"夏，假也，物至此时皆假大也。"其中的"假"是"大"的意思。由于气温继续升高，天气将逐步热起来，雷雨开始增多，人们就要进入紧张的夏忙季节了。

迎接夏天的到来——立夏

立夏时节夏收作物已经进入生长的后期，年景基本成定局。此时的冬小麦扬花浇灌，油菜已接近成熟。水稻栽插以及其他春播作物的管理也进入了大忙季节。因此，自古以来我国就很重视立夏。在周朝时，帝王会在立夏这一天亲率文武百官到郊外“迎夏”，并派遣司徒等官去各地勉励农民抓紧耕作。

立夏时节一到，江南地区便正式进入雨季，此时的雨量和雨日会显著增加。这时候尤其要注意阴雨不断引起的湿害，以及由此引起的其他病害。处于抽穗扬花时期的小麦，很容易感染赤霉病，因此预测到未来有温暖但多阴雨的天气时，应及时喷药防治。棉花在阴雨连绵和乍暖还寒的天气情况下，很容易得炭疽病、立枯病，还可能造成大面积的死苗，因此要及时采取必要的措施，保护棉苗的健康。

这一时期是江南北早稻插秧的繁忙季节，有“多插立夏秧，谷子收满仓”的谚语。由于这时候的气温仍较低，因此插秧后要加强管理。这一时期的茶树正值春梢发育最快的时候，因此要加倍注意。农谚云“谷雨很少摘，立夏摘不辍”，要集中全力，分批突击采摘，防止茶叶的老化。

立夏时节是早稻大面积栽插的时期

华北和西北地区在这一时期的降水仍旧不多，但气温回升很快，再加上春季多风的缘故，蒸发便异常强烈，造成的土壤干旱对农作物的生长会有严重影响。这一时期盛行一种干热风，是导致减产的主要灾害性天气，抗旱防灾的关键性措施就是适时浇灌。立夏时节，杂草生长很快，有“立夏三天遍地锄”的农谚。这一时期的中耕除草不但能出除去杂草，还可以抗旱防渍，提高地温，加速土壤养分分解，因此对棉花、玉米、高粱、花生等作物苗期健壮生长的意义十分重大。

人们把立夏当作一个重要的节气，主要是因为这一时节，温度明显升高，雷雨显著增多，农作物生长进入旺季。立夏后，是早稻大面积栽插的重要时期，而且这时期雨水来临的迟早和雨量的多少，与以后的收成有密切关系。农谚说，“立夏不下，犁耙高挂。”“立夏无雨，碓头无米。”

作物渐盈——小满



小满一般在 5 月下旬，大约在每年公历 5 月 21 日或 22 日。“小满”的意思是夏收作物的籽粒开始饱满，但仍未成熟，因此只是小满。中国各地习于农时劳作的人们将为夏收作好各种准备。生产中，按照以往的习惯，如滚麦场、买草要子、检修收割机械、联系玉米套种耧等准备工作开始进行。古代将小满也分为三候：“一候苦菜秀；二候靡草死；三候麦秋至。”意思是说，这一时节的苦菜已经枝繁叶茂；喜阴的一些草类不堪强光的照射开始枯萎；麦子逐渐成熟了。

作物开始饱满——小满

南方有农谚称“小满不满，干断思坎”；“小满不满，芒种不管”。这给予了小满这个节气以新的寓意。这里的“满”形容的是雨水的盈缺，意思是说小满时田里如果不蓄满水，就可能致使田坎干裂，甚至可能造成芒种时无法栽插水稻。俗话说“立夏小满正栽秧”，“秧奔小满谷奔秋”，意思就是说小满正是适合栽插水稻的季节。事实上，华南地区的夏旱情况确实与水稻栽插面积有直接的关系。

华南的中西部地区情况比较特殊，一般常有冬干春旱，有的年份大雨来的很晚，可能会到 6 月份甚至七月份。有因小满期间雨量的稀少，所以这些地方的自然降水量常常不能满足插秧的需水量。这一地区有农谚说，“蓄水如蓄粮”，“水如保粮”。为了应对这一情况，何以地区的抗旱工作除了改进耕作栽培方式外，还有特别注意好年景的蓄水工作。另外，还要注意这一时节可能出现的阴雨连绵的天气，这种天气会影响到作物的收晒。

这个时节，北方地区的麦类等夏收作物的籽粒已经开始饱满起来，几乎接近成熟，但实际上还需要一段时间的充实。这时候最该注意的就是做好麦田的防虫工作，还有就是预防干热风和突如其来的大风雷雨天气。南方的水稻要抓紧追肥、耘禾，而晴天的话，就要及时的进行夏收作物的收打和晾晒。这个节气之后，35℃以上的高温天气会出现在黄河以南到长江中下游地区，因此防暑工作要重视。

忙碌时节——芒种

芒种一般在6月上旬，即每年的6月6日前后。“芒”，指各种带有“芒”的作物，如小麦、大麦等；“种”，即种子的意思。这一节气告知人们夏季的时间如从“立夏”之日算起，已过去一半。“芒种”表明小麦、大麦已经成熟，并在近期要予以收割。同时，还说明晚谷、黍、稷等作物要播种，此时是最忙碌的季节，因此，“芒种”也有“忙着种”之意，是农民朋友的播种、下地最为繁忙的时机。《月令七十二候集解》中云：“五月节，谓有芒之种谷可稼种矣”。

“芒种”前后，在北方地区到处呈现出一片田间机器隆隆作响，金灿麦粒滚滚入场，妇幼忙碌奔走如梭，人声鼎沸天际回荡的动人画面。俗话说“春争日，夏争时”，这里的“争时”即就是指这个时节的收种农忙。人们所说的大忙季节的“三夏”即忙于夏收、夏种和春播作物的夏管。

在这个时节，四川盆地的麦收季节已经过去，而中稻、红苕移栽也马上就要完成了。大部分地区的中稻都进入了返青时期，嫩绿的秧苗满载生机。由诗句曰：“东风染尽三千顷，折鹭飞来无处停”，正形象的放映了这一时期秀丽的田野景色。芒种时节，应该抓紧栽插盆

芒 种

地内尚未移栽的中稻；若再推迟，因气温提高，水稻营养生长期缩短，而且生长阶段又容易遭受干旱和病虫害，产量必然不高。这一时期的红苕移栽也要抓紧，最晚不能超过夏至，否则不仅会受到严重的干旱影响，而且还会受到秋季降温的影响致使薯块的产量明显减少。

炎夏初至——夏至

夏至一般在每年的 6 月下旬。“夏至”日时，阳光直射北回归线，达到最大限度的北移，并影响到北极圈。标志着这时太阳在黄道上已运动到最北的位置上。由于太阳光正直射北回归线，故常有烈日当空，炎热如烤之感。在北回归线以北的所有地区，太阳都是在夏至时到达最高位置，也就是最接近直射的位置，而且此时白天的时间也是最长的，也即是日照时数最高的。正是由于这一原因，地球上北半球接收到来自太阳的光和热也是最多的，整个北半球都处于最炎热的夏天之中。

夏 至

“夏至”这一节气标志着高温，树木花草的生长也极度旺盛。这时期，烈日高照，骄阳似火，灼地欲焦，大气相对湿度很低，真可谓是“赤日炎炎似火烧”。“不过夏至不热”，“夏至三庚数头伏”。天文学上规定夏至为北半球夏季开始，但是地表接收的太阳辐射热仍比地面反辐射放出的热量多，气温继续升高，故夏至日不是一年中天气最热的时节。田间劳作，则大有汗流浃背，烟冒口舌之感。这一季节不利于人们生活的一些因素也因之而来，如病菌的蔓延、食品易变质等。但农人多抓住这一高温季节，争分夺秒到农田锄草，正所谓“锄禾日当午，挥汗赛如雨，及早把荒灭，以防伏天苦。”

夏至之后，我国南方大部分地区都进入田间管理期，这是由于这一时期农作物的生长旺盛，田间的杂草和病虫迅速滋长，要及时的进行管理。农谚说：“夏至棉田草，胜如毒蛇咬”、“夏至进入伏天里，耕地赛过水浇园”、“进入夏至六月天，黄金季节要抢先”。

这一阶段，入春以来华南地区雨量东多西少的状况发生变化，华南西部的降水量显著增加，使得降水分布转变为西多东少。这有效的改变了，华南西部可能发生的夏旱状况。但也要警惕出现大范围的洪涝灾害，做好防洪的准备。夏至之后，受副热带高压控制，华南东部的多雨状况发生改变，往往发展成伏旱。因此这一地区在伏前要积极蓄水保水，增强抗旱能力，争取农业的丰收。



酷热兆头——小暑

小暑一般在7月上旬，即每年的7月7日或8日。“暑”为酷热之意。这一节气表示已开始进入炎夏季节，不过仅是开始，“小”字的意思即在于此。“小暑”过后不久，天气将更炎热，并即将进入湿热的气候阶段，同时也预示“伏天”快要来到。《月令七十二候集解》中说：“六月节……暑，热也，就热之中分为大小，月初为小，月中为大，今则热气犹小也。”

小暑时期是雷雨多发天气

古代将小暑分为三候：“一候温风至；二候蟋蟀居宇；三候鹰始鸷。”意思是说，小暑的时候风中就没有了凉意，而是带着一股热气；由于天气开始热起来，蟋蟀都离开田野到庭院的角落里避暑；因地面的气温较高，所以老鹰一般都在高空活动。

随着小暑来到，江淮流域的梅雨逐渐结束转而进入盛夏，气温逐渐升高，步入伏旱期；而此时我国东部淮河、秦岭一线以北的广大地区，特别是华北和东北地区，进入了多雨季节，东南季风带来了丰沛的降水，且降水相当集中。这一时期的南方应该注意抗旱，而北方则要注意防涝。此时的华南、西南、青藏高原也处于来自印度洋和我国南海的西南季风雨季中；而长江中下游地区则一般为副热带高压控制下的高温少雨天气，常常出现的伏旱，对农业生产产生很大影响，应及早做好蓄水防旱准备。有“伏天的雨，锅里的米”的农谚，意思是说这时出现的雷雨，热带风暴或台风带来的降水对水稻等作物生长十分有利。但过多的降水有时也会给棉花、大豆等旱作物及蔬菜造成负面影响。华南西部此时进入暴雨最多季节，常年7、8两月的暴雨日数可占全年的75%以上，一般为3天左右。在地势起伏较大的地方，常有山洪暴发，甚至引起泥石流。但在华南东部，小暑以后因常受副热带高压控制，多连晴高温天气，开始进入伏旱期。我国南方大部分地区这一东旱西涝的气候特点，与农业丰歉关系很大，必须及早分别采取抗旱、防洪措施，尽量减轻危害。



这个节气的前后，东北与西北的冬、春小麦都进行着收割工作，其他地方的农业生产工作则主要是进行田间的管理。处于灌浆后期的早稻，要保持田间干湿相间，因为早熟的品种在大暑之前就要收割。这时的中稻已拔节并进入了孕穗期，因此要及时追施肥料，优化产物的品质。正在分蘖的单季晚稻应该及早施好分蘖肥，双晚秧苗要注意病虫的防治，最好在栽秧前5~7天施足“送嫁肥”。

此时大部分棉区的棉花生长最为旺盛，都基本开始开花结铃，因此要在重施花铃肥的同时及时整枝、打杈、去老叶，来协调植株体内养分分配，增强通风透光，改善群体小气候，减少蕾铃脱落。另外，蚜虫、红蜘蛛等多种害虫在盛夏高温季节十分猖獗，因此适时防治病虫在田间管理上是一个重要环节。

### 炎热巅峰——大暑

大暑位于7月下旬，即每年的7月23日或24日，此时太阳到达黄经

120°。这一节气标志着一年中最炎热的时期就此开始。

大　暑

“大暑”中“大”有“很”的意思，即进入“大热”或曰“闷热”的天气阶段。通常秋收作物能否获得好的收成，在很大程度上就取决于这一时段的光照和雨量。在正常年景下，“小暑”至“大暑”这一期间，天气光热充足，雨量充沛，花木峥嵘，非常适合秋作物的生长。不过这一时期天气变化无常，雷雨频繁，人们外出要时常携带雨具。这时因正处“中伏”阶段，生活中总感到潮湿、闷热，整日浑身汗津津的，每日只有近午夜时分才始感稍有凉意，这期间食品极易变质。此时田间劳作，多以早、晚进行。由于雷雨多，农田锄草往往不尽人意。这一季节又是全年降雨量最为集中的时期，所以，又正是各级党委、政府全力高度重视防汛的关键时期。



《月令七十二候集解》中说：“六月中，……暑，热也，就热之中分为大小，月初为小，月中为大，今则热气犹大也。”此时正是“中伏”前后，是一年中最热的时候，也正是由于气温最高，所以农作物的生长也最快；但这一段时期的旱、涝、风灾害也是最为频繁出现的，因此收获、播种、抗旱抗涝以及田间管理的任务比较繁重。

古代将大暑分为三候：“一候腐草为萤；二候土润溽暑；三候大雨时行。”意思是说，在大暑的时候，腐草上的萤火虫卵化出来；空气湿度增加，天气变得闷热，土地也变得潮湿；这一时期经常会出现雷雨天气。

大暑对于我国种植双季稻的地区来说是一个繁忙的时节，这一时期有很多农谚，如“禾到大暑日夜黄”、“早稻抢日，晚稻抢时”、“大暑不割禾，一天少一箩”等等。及时收获早稻，一方面可以减少后期的风雨对早稻的危害，以确保丰收，另一方面又可以使双季晚稻及时的栽插，以得到更多的、充足的生长期。这一时期要根据天气的变化，适时做好的农事安排，如晴天多收割，雨阴天多栽插，栽插的最晚时限是立秋。

盛夏炎热，水分的蒸发非常快，特别是长江中下游地区正值伏旱期，因此作物的生长对水分的要求十分迫切，有“小暑雨如银，大暑雨如金”的说法。这一时期棉花花铃期叶面积达到最大值，因此也是需水的高峰期，一般要求田间土壤湿度占田间持水量在70%～80%，而低于60%就会受旱而导致落花落铃，因此应该及时灌溉。值得注意的是，灌水不可在中午高温时进行，以免土壤温度变化过于剧烈而加重蕾铃脱落。此时的大豆开花结荚也需要充足的水分，有“大豆开花，沟里摸虾”的农谚，因此也要及时了解旱象、及时浇灌。

这一时节的黄淮平原地区，夏玉米正处于拔节孕穗期，很快就要抽雄，是产量形成的最关键的时期，因此要重视旱情的出现，以保证丰收。



通常来说，大暑时节正是华南地区一年中日照最多、气温最高的时期，也是华南西部雨水最丰沛的、雷暴最常见、30℃以上高温最集中的时期，是华南东部35℃以上高温出现最频繁的时期。大暑前后气温高是正常的气候表现，较高的气温有利于大春作物扬花灌浆。然而，过度的炎热会使农作物的生长受到抑制，特别是水稻，在强高温下很可能明显降低结实率。

大暑是雷暴天气多发时期

华南西部地区在进入伏天之后，水、热、光都处于一年中的高峰期，而且三者在一定程度上互相促进，这样的气候是非常适合大春作物生长的，但也要注意防洪排涝工作。华南东部的情况与西部不同，在高温长照与少雨状况相间，这一方面限制了光热优势的发挥，另一方面也加剧了伏旱对大春作物的不利影响。要抵御伏旱，除了在前期注意蓄水保水，还要根据实地的气候状况，改进作物栽培技术，趋利避害。

茉莉、荷花在炎热的大暑盛开，茉莉馨香沁人，天气愈热香愈浓郁，给人芬芳洁净的感受。荷花高洁，不怕烈日骤雨，暮敛晨开，诗人称赞它“映日荷花别样红”，生机勃勃的盛夏孕育着丰收。

### 秋处露秋寒霜降

#### 秋季伊始——立秋

立秋一般在8月的上旬，即每年8月7、8或9日。“立秋”即秋天就要开始了。“秋”指作物快要成熟的意思。通常“立秋”后的当天或次日，人们一早一晚会感到风凉了，一改往日汗津津的样子，确有清爽利落之感。生活中自有“立了秋，便把扇子丢”、“早上立了秋，晚上凉嗖嗖”之谚语。《月令七十二候集解》：“七月节，立字解见春（立春）。秋，揪也，物于此而揪敛也。”立秋一般预示着炎热的夏天即将过去，秋天即将来临。

立　秋

古代将立秋分三候：“一候凉风至；二候白露生；三候寒蝉鸣。”意思是说，立秋之后，刮来的风一般都是比较凉爽的，完全不同于暑天的热风；早上起来会有雾气产生；感到秋天阴寒之意的寒蝉开始鸣叫起来。

“立秋”后，虽使人有月明风清、秋风明月本无价，近水远山皆有情的那种盼望已久的纵情之怀，但也颇有“早穿棉袄午穿纱”的那种“脾寒”天的感觉。“立秋”一到，人们自然会联想到“立秋”十八天，寸草皆结“顶”的农谚，即是说再过半个多月，各种花草树木、农作物等，其生长的高度即将停止，没有抽穗的作物也在这一时期完成抽穗的生长发育。

这一节气后，天气仍处较高的气温阶段。所以，农谚中常有秋老虎之说，亦即中午有时还相当热，但总的趋势是气温将从此开始缓缓下降了，雷雨天气亦逐趋减少。该节气后每降一次雨，气温也随之下降一次，“一场秋雨一场寒”之说即在于此。此时田间劳作，仰望苍穹，使人往往有时而天高云淡，时而乌云滚滚，给人以风云变幻莫测之感。

黑龙江和新疆北部地区秋来的最早，一般在8月中旬入秋。平常年份9月初，首都北京开始秋风送爽，而秦淮地区的秋天从9月中旬开始；秋风吹至浙江丽水、江西南昌、湖南衡阳一线大约在10月初，雷州半岛接到秋的信息更晚一些，而当秋的脚步到达“天涯海角”的海南崖县时基本上就是新年元旦了。



古人把立秋当作夏秋之交的重要时刻，很重视这个节气。“秋后一伏热死人”，立秋前后我国大部分地区仍然有较高气温，因此各种农作物生长很旺盛，单晚圆秆，中稻开花结实，玉米抽雄吐丝，棉花结铃，大豆结荚，甘薯薯块膨大，都对水分提出了要求，这时候的作物受旱会给最终收成造成无法弥补的损失。因此有“立秋三场雨，秕稻变成米”、“立秋雨淋淋，遍地是黄金”的农谚。双晚生长在气温由高到低的环境里，必须抓紧当前温度较高的有利时机，追肥耘田。这个时节，我国中部地区的早稻收割、晚稻移栽，而大秋作物则进入重要的生长发育时期。

立秋是棉花保伏桃、抓秋桃的重要时期，“棉花立了秋，高矮一齐揪”，除对长势较差的田块补施一次速效肥外，打顶、整枝、去老叶、抹赘芽等要及时跟上，以减少烂铃、落铃，促进正常成熟吐絮。

茶园要尽快进秋耕行，秋挖可以消灭杂草，使土壤疏松，并提高蓄水保水能力，如果再结合施肥，可促使秋梢长得更好。这一世界，华北的大白菜应抓紧播种，来保证低温来临前有足够的热量。若播种太晚，使其生长期缩短，会导致菜棵生长小且包心不坚实。

这一时节是多种作物病虫集中危害的时期，例如稻纵卷叶螟、水稻三化螟、玉米螟、棉铃虫和稻飞虱等，应加强预测预报和防治。此时北方冬小麦的播种也马上开始，要及早整地、施肥。

炎暑终结——处暑

处　暑

处暑一般处于 8 月的下旬，即每年的 8 月 23 日左右。“处”有躲藏、收起、终止之意。该节气向人们昭示，炎热的夏季即将过去，从此，人们将置身于凉爽的气候环境中。从气象角度来说，“处暑”是气温由高到低的转折点。因此，“处暑”后天气就逐渐凉起来了，生活中纳凉扇子之类也似乎开始闲置起来了。《月令七十二候集解》：“处，去也，暑气至此而止矣。”

古代将处暑分为三候：“一候鹰乃祭鸟；二候天地始肃；三候禾乃登。”意思是说，在这个节气，老鹰着手大量捕猎鸟类；世间万物逐渐凋零衰落；黍、稷、稻、粱类农作物都成熟了。

处暑时节，我国华南地区的平均气温比立秋时节大约降低了 1.5℃，有些年份的 8 月下旬的华南西部会出现连续三天 23℃以下的低温天气，这很可能影响杂交水稻的开花。然而，由于此时的华南地区还基本上受到夏季风的控制，因此，在一些地区的平均气温会在 30℃以上，甚至在华南东部的一些地区会有 35℃的高温出现。而现在西北部的高原上，特别是海拔 3500 米以上的地方，已呈现一片初冬的情景，牧草渐萎，霜雪日增。

处暑时节，华南地区的降水分布开始由西多东少向东多西少转化。在这个交替过程中，华南中部的降水量将处于一年中的次高点。这一时期，华南西部地区应积极做好蓄水保水工作，以保障冬春农田的用水。在高原地区处暑至秋分经常出现连续阴雨的天气，对农牧业生产不利。在广大的南方地区，此时正是收获中稻的大忙季节。一般在处暑节气，华南地区日照仍旧比较充足，雨日不多，有利于中稻收割晾晒和棉花的吐絮。但是少数年份也有“三伏适已过，骄阳化为霖”的情况，秋绵雨会提前到来。此时要特别重视天气预报，做好必要的准备，把握晴好天气，及时地搞好抢收抢晒。

这个节气过后，全国的绝大部分地区的气温日较差不断增大，此时的昼暖夜凉的条件对农作物体内干物质的制造和积累作用很大，庄稼成熟比较快，因此有“处暑禾田连夜变”的农谚。此时黄淮地区的及沿江的江南地区的早中稻正在收割，连续的阴雨天气对这一行动产生不利影响。对于正处于幼穗分化阶段的单季晚稻而言，充沛的雨水是十分重要的，一旦遇有干旱要及时浇灌，避免穗小、空壳率高的情况出现。另外，应追施穗粒肥以使谷粒饱满，但追肥时间不可过晚，以防造成贪青迟熟。



这一时节，大部分棉区棉花逐渐结铃吐絮，气温仍较高的情况加上阴雨少照可能会造成大量烂铃。此时应精细整枝、推株并垄以及摘去老叶，及时改善通风透光。同时，适时喷洒波尔多液，防止或减轻烂铃的情况。处暑前后，春山芋薯块膨大，夏山芋开始结薯，夏玉米抽穗扬花，对水分的需求都很大，一旦受旱将对产量产生很大的影响。因此说“处暑雨如金”确实是十分有道理的。

## 天气转凉——白露

白露一般在9月上旬，即每年的9月7日左右。该节气表示天气逐渐转凉，“白露”后气温降得较快，更易达到成露的条件，多呈现出白天气温高，晚上气温低的天气。空气中的水汽将因气温降低而冷凝形成“露水”，且较多较重。生产中，已进入秋收大忙阶段。

白　露

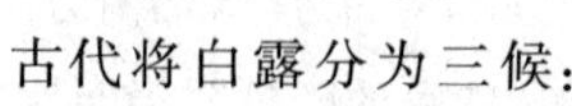

古代将白露分为三候：“一候鸿雁来；二候玄鸟归；三候群鸟养羞。”意思是说，白露时节，鸿雁

和燕子等候鸟都准备南飞避寒去了，而百鸟则开始贮存过冬的干果粮食。

这一时节的气候对晚稻抽穗扬花和棉桃爆桃都会产生不利的影响，同时也影响到中稻的收割和晾晒，素有“白露天气晴，谷米白如银”的说法。此时的由于天气比较凉，蒸发减少，因此可以抓紧趁雨蓄水保水，尤其是华南东部地区，继小满、夏至之后的白露又是一个雨量较多的季节，应该抓住这个时机做好水储备。

### 秋日度半——秋分

秋分一般在 9 月下旬，即每年的 9 月 23 日前后。秋分之“分”为“半”之意，我国古籍《春秋繁露、阴阳出入上下篇》中说：“秋分者，阴阳相半也，故昼夜均而寒暑平。”此时节，人们立于田间仰望苍穹，自有天高云淡、秋高气爽的感觉。生活中一早一晚大有气温由凉变冷，确需身着棉衣之感。从天文来说，北半球自“秋分”，在北极点则是开始另一番景色。自“秋分”以后，农田劳作已进入高度繁忙阶段。田间四处可闻机器隆隆之声，展现出一幅幅紧张的劳动画面。正所谓“秋风劲吹四炊烟，妇孺忙碌在田间，昨日青纱犹满目，今朝一望见苍山，沃土犁下腾翻起，人声鼎沸响耳边，车水马龙连天际，金灿麦种播入田”。

秋　分

秋天注定是一个繁忙的季节，自古有“三秋”即秋收、秋耕、秋种，这很适合秋季降温快的特点。秋分时节，棉花吐絮，烟叶也逐渐由绿变黄，已经到了收获的大好时节。此时的华北地区基本开始播种冬麦，而长江流域及南部广大地区则正忙着收割晚稻，并且趁晴天耕翻土地，以准备播种油菜。秋分时节会有一些天气会影响到农事活动的进行，例如干旱少雨或阴雨连绵的天气。特别是阴雨连绵的天气会对即将收获的作物造成损害，例如使作物倒伏、霉烂或者发芽，这给农业生产造成了严重的损失。这时候要看准时机，重视预报，尽量减小损失。

此时，要预防早霜冻和连阴雨的危害，及时抢收秋收作物。还要抓紧早播冬作物，争取充分利用冬前的充足的热量资源，以增强种苗的抗寒能力，为来年奠定下丰产的基础。此时南方的双季晚稻正处于抽穗扬花期，是产量形成的关键时期，有“秋分不露头，割了喂老牛”的说法。这一时节低温阴雨形成的“秋分寒”天气，是双晚开花结实的主要威胁，因此要认真做好预报和防御工作。

寒意渐明——寒露



寒露一般在10月上旬，即每年10月8日或9日。这一节气标志着天气虽已凉爽，却尚未寒冷，露集渐浓，还未成冰。《月令七十二候集解》说：“九月节，露气寒冷，将凝结也。”“寒”即露之气，先白而后寒。此时草木已渐枯萎，如仰望苍穹，往往给人以天高云淡、近水远山皆清晰可见，一旦秋风吹来，有阵阵作寒的念春之感。古代将寒露分三候：“一候鸿雁来宾；二候雀人大水为蛤；三候菊有黄华。”意思是说，寒露时节鸿雁大举南迁去避寒过冬；深秋天寒，雀鸟消失了踪迹，一些古人看到海边突然出现大量蛤蜊，而且贝壳的条纹及颜色都与雀鸟很像，便以为雀鸟变成了蛤蜊；此时的菊花都已开放了。

寒 露

这一时期农人田间劳作相对减少。偶尔田间劳作，不时会看到天空大雁成“人”或“一”字形由北向那遥远的南方翩然飞去的情景。人们自然会联想到雁向南，衣裳棉的谚语。生活中，一早一晚要着装毛衣、骑自行车有需要戴手套之感。由于气温逐渐下降，要求人们要加快“三秋”工作进度。

寒露之后，北方冷空气的实力逐渐增大，这时候，我国大部分地区都已在冷高压的控制之下，这也标志着雨季的结束。此时的天气通常为晴天，且白天较暖夜间较寒，对秋收的进行很有利。雷雨暴雨基本在全国大部分地区消失不见，只有云南、四川和贵州局部一些地区可以偶而听到雷鸣。华北地区的降水量骤减，这时的降水量一般只有 9 月份的一半或者更少，西北地区的一些地方的降水只有几毫米到 20 多毫米。此时的干旱状况虽然对秋收作业有利，但是却不利于冬小麦的播种，也就限制了旱地冬小麦的产量。不同的是，此时在海南和西南一些地区一般还会有秋雨连绵，而少数年份的江淮和江南地区也有有阴雨天气的出现，这样的天气必然会对秋收作业产生不利的影响。江淮及江南的单季晚稻即将成熟，双季晚稻正在灌浆，要注意间歇灌溉，保持田间湿润。



这一时节，棉花正在进行着采摘工作，要趁天晴要抓紧采收棉花，遇降温早的年份，还可以趁气温不算太低时把棉花收回来，有农谚说“寒露不摘棉，霜打莫怨天”。南方稻区还要注意防御“寒露风”的危害。

寒露时节，华北应抓紧播种冬小麦，如果遇干旱少雨的天气要设法造墒抢墒播种，保证在霜降前后完成播种，避免被动等雨导致种晚麦。华北平原地区的薯块膨大渐渐停止，此时清晨的气温一般在 10℃ 以下或更低，要根据天气情况抓紧收获，并争取在早霜前完全收获。如果在地里经受低温时间过久，就会受冻而导致薯块“硬心”，从而降低食用、饲用和工业用价值，更不能贮藏或作种用。此时是长江流域播种油菜的适宜期，品种安排要有顺序，先播甘蓝型品种，后播白菜型品种。淮河以南地区的绿肥播种要抓紧收尾，出苗则应该清沟沥水，以防涝渍。

### 露积为霜——霜降

霜降一般在 10 月下旬，即每年的 10 月 23 日前后。《月令七十二候集解》：“九月中，气肃而凝，露结为霜矣”。《二十四节气解》：“气肃而霜降，阴始凝也。”霜降时天气将渐渐寒冷起来，不久，露水凝结成霜。早上一旦见霜，人们自然会联想到毛主席早年所作的《贺新郎》一词中“今朝霜重东门路，照横塘半天残月”的柔肠寸断的悲壮诗句。自此后，将因气温的下降出现霜冻，生产中要求人们田间要尽快结束“三秋”扫尾工作。

霜 降

此时节，我国黄河流域一些地区一般会出现初霜，而大部分地区多忙于播种三麦等作物。从远处望去，沃野千里上一片银色冰晶熠熠发光，这就是霜。这时候树叶变得枯黄，落叶渐渐飘舞了。人们常说“霜降杀百草”，说明植物一旦受到严霜催打，就会变的一点生机也没有。科学上的解释是，在植株体内的液体，受到霜冻而结成冰晶，此时蛋白质沉淀，细胞内的水分渐渐外渗，使得原生质脱水而变质。这时候还有一句“风刀霜剑严相逼”，它说明霜是无情而且残酷。事实上，霜和霜冻虽然互有关联，但危害庄稼的是“冻”而并非“霜”。如果把植物的两片叶子分别放在同样低温的箱内，一片叶子盖满霜，另一片叶子不盖霜，结果显示无霜的叶子受害极重，而盖霜的叶子则只有轻微的霜害痕迹。由此看见，霜不但危害不了庄稼，相反，水汽凝华时放出热（1 克0℃的水蒸汽凝华成水，放出气化热是 667 卡），会使重霜变轻霜、轻霜变露水，由此避免了冻害。因此，与其说“霜降杀百

霜冻杀百草

草"，不如说"霜冻杀百草"。由于冻则有霜（有时没有霜称黑霜），所以把秋霜和春霜统称霜冻。

在霜降时节，即使耐寒的作物也基本不能再生长了，例如大葱，人们常说"霜降不起葱，越长越要空"。这一时节，北方大部分地区的秋收工作都接近尾声，而在南方则正是"三秋"的大忙时节：单季杂交稻、晚稻才在收割，种早茬麦，栽早茬油菜；摘棉花，拔除棉秸，耕翻整地。值得注意的是，在收获以后，庄稼地里秸秆、根茬都要及时收回，那里潜藏着诸多越冬病菌和虫卵，有农谚说"满地秸秆拔个尽，来年少生虫和病"。

农谚有云"霜降配种清明乳，赶生下时草上来，"这说明霜降又是黄淮流域羊配种的好时候。一般情况下，羊羔落生时天气就会暖和，青草正好鲜嫩，母羊营养最佳且乳水充足，能乳优质的羊羔。



### 冬雪雪冬小大寒

#### 秋去冬来——立冬

立冬一般自 11 月上旬，即每年的 11 月 7 日或 8 日。《月令七十二候集解》中对"冬"的解释是："冬，终也，万物收藏也"，冬，是终了的意思，又是指作物收割后要收藏起来的意思。生产中，有"立冬"萝卜、葱之说，即指这类作物此时要予以收刨贮存。秋季作物全部收晒完毕，收藏入库，动物也已藏起来准备冬眠。立冬不仅仅代表着冬天的来临，完整地说，立冬是表示冬季开始，万物收藏，动物规避寒冷。

立　冬

我国幅员辽阔，有全年无冬的华南沿海，也有长冬无夏的青藏高原，因此各地的冬季基本都有自己的特点和规律，各地的冬季不都是以立冬日为开始。

立冬时节，北半球的获得的太阳辐射不断减少，因此热量也逐渐减少，只有地面还有一定的夏半年贮存的热量，一般不太寒冷。这时候，尽管多为寒冷天气，但也不免有温暖舒适的“小阳春”天气，让人觉得十分舒适，对冬作物的生长也有积极的作用。但是，此时北方的冷空气具备了强大的实力，不断侵犯南方，经常形成大风降温并且伴有雨雪的寒潮天气，对作物的生长造成不利的影响。多年的统计结果显示，11月份是寒潮发生最频繁的月份。剧烈的降温作用，尤其是冷暖天气的异常变化，一方面影响着农业生产，另一方面也对人们的健康和生活造成严重的不良影响。此时应关注气象预报，根据天气变化适时搞好农作物寒害、冻害等的防御。



细雪初降——小雪

小雪节气过后的牡丹

小雪一般在11月下旬，即每年的11月22日23日。《月令七十二候集解》：“十月中，雨下而为寒气所薄，故凝而为雪。小者未盛之辞。”此时，气温仍继续下降，开始降雪，但并不很大。在中国北方，已到了河塘、水坝开始进入封冻季节。寒风吹来，使人大有“高天滚滚寒流急”、“已是悬崖百丈冰”之感。此时田间仅作大白菜的收贮工作。农田劳作基本停止。由于不断降雪，农谚中自有“小雪雪满天，来岁必丰年”之说。

小雪时节，天气逐渐变得寒冷，在黄河中下游地区的初雪期都基本与小雪节气符合。尽管开始下雪，但一般雪量都较小，一般都会夜冻昼化，对农业影响十分有限。然而，如果冷空气势力较强，暖湿气流又比较活跃，那就有可能下大雪。

雪压青松——大雪

大雪一般在12月上旬，即每年的12月7日或8日。《月令七十二候集解》说："至此而雪盛也。"这一节气标志着气温继续下降，鹅毛大雪将随时而至，并会给地面造成积雪。大，指降雪的程度。古代将大雪分三候："一候鹖鴠不鸣；二候虎始交；三候荔挺出。"意思是说，这个时节天气寒冷，寒号鸟也冻得不再鸣叫；此时阴气强盛，而所谓盛极而衰，于是阳气开始萌动，老虎开始求偶；兰草感到阳气萌动而抽出了新芽。

大　雪

这个时节，大地冰封，河塘冻结。常有"大雪"不封地，不过三五日之说。一旦阴云，人们自感随时会有"雪压冬云白絮飞，万花纷谢一时稀"和"千山鸟飞绝，万径人踪灭，孤舟蓑笠翁，独钓寒江雪"那幅严冬时节的壮丽画面将展现在眼前。一旦降雪，到处则是银妆素裹的北国风光。当看到那挂满了雪的松柏，又会联想起陈毅元帅的"大雪压青松，青松挺且直"的诗句，作人的浩然正气顿时胸中涌起。

"大雪"之意是天气更冷，降雪的可能性比小雪时更大，但并不预示降雪量一定很大。而相反，这个节气后各地降水量会进一步减少，特别是东北、华北地区，在12月份的平均降水量一般只有几毫米，西北地区则更少。

俗话说"瑞雪兆丰年"。冬季的积雪覆盖大地，可以保持地面，特别是作物周围的温度不会因寒流侵袭而降得很低，也就为冬作物提供了良好的越冬环境。另一方面，积雪融化时还可以增加了土壤水分含量，为作物春季生长的需要提供了条件。还有，在雪水中，氮化物的含量大约是普通雨水的5倍，具有一定的肥田作用。于是，就有"今年麦盖三层被，来年枕着馒头睡”的说法。

这个时期，除了华南、云南南部等无冬区以外，全国辽阔的大地都已披上冬日盛装，在东北、西北地区，平均气温甚至已经达零下10℃以下，黄河流域和华北地区气温也基本稳定在0℃以下，冬小麦基本上停止生长。然而，在江淮及以南地区，小麦、油菜仍在缓慢生长，因此应注意施肥，为其安全越冬和来春生长奠定基础。此时华南、西南小麦进入分蘖期，要结合中耕施好分蘖肥，还要注意冬作物的清沟排水工作。天气虽冷，但贮藏的蔬菜和薯类要经常检查，保持通风，避免过高的升温和过大湿度，以防造成烂窖。一般要在保持不受冻害的前提下尽可能地保持低温。

昼短夜长——冬至



冬至一般在12月下旬，即每年的12月23日前后。《月令七十二候集解》中说：“十一月十五日，终藏之气，至此而极也。”《通纬·孝经援神契》说：“大雪后十五日，斗指子，为冬至，十一月中。阴极而阳始至，日南至，渐长至也。”《恪遵宪度抄本》说：“日南至，日短之至，日影长至，故曰冬至。‘至’者，极也。”

冬　至

北半球这一天白天时间达到最短，而夜间时间达到最长。这是由于此时北半球的北极圈上（即北纬66.5度处）北极，如同“夏至”时南极那样处于极夜时期。对于北极来说，极夜可一直持续174天。自翌日起，白天时间又将以1分20秒的幅度逐日增加，而夜间将相应减少这一时间。生活中，人们会感到天黑得早、明得晚，大有长夜难明之感。“冬”为“冷”，“至”为“到”，又有接近更寒冷的意思。这一节气，标志着较寒冷的天气即将开始。在天文历法中，为表示冷的开始和程度，常在编印的日历上以“九”

表示，即所谓一九、二九……九九。“九”是自“冬至”起，即在81天内天气较寒冷，而又以第三个“九”为最寒冷。所以又有“三九严寒”的说法。

初登三九——小寒

小寒一般在1月上旬，即每年1月5日或6日。与大寒、小暑、大暑及处暑一样，小寒也是表示气温冷暖变化的节气。《月令七十二候集解》：“十二月节，月初寒尚小，故云。月半则大矣。”“寒”即冷的意思。表明已经进入一年中的寒冷季节，但还没有达到最冷的程度。我国大部分地区小寒和大寒期间一般都是最冷的时期，“小寒”一过，就进入“出门冰上走”的三九天了。



在这一时节，南方地区应注意给小麦、油菜等作物追施冬肥而海南和华南大部分地区则主要要做好防寒防冻、积肥造肥和兴修水利等工作。一般在冬前应浇好冻水、施足冬肥、培土壅根，然后当寒冷的季节来临时，再采取人工覆盖的方法来抵御严寒的侵袭就可以使作物过冬变得更有保障。

冬季不免有寒潮侵袭，这时候泼浇稀粪水，撒施草木灰可以有效的减轻低温对油菜的危害；一些露地栽培的蔬菜可将作物秸秆、稻草等稀疏地撒在菜畦上作为冬天的覆盖物，这样既不影响光照，还可以显著地减小菜株间的寒风，并有效地防止地面热量的散失。如果低温强烈，可以临时加厚覆盖物作临时性覆盖，低温过后再及时揭去。大棚蔬菜应尽量接受阳光照射，即使出现雨雪低温天气，草帘等覆盖物也不可连续多日覆盖，以免破坏植株正常的光合作用，导致营养缺乏。高山茶园，尤其是西北向易受寒风侵袭的茶园，应以稻草、杂草或塑料薄膜覆盖篷面，

小　寒

防止风抽而引起枯梢及沙暴对叶片的危害。在雪后，要及时除去果树枝条上的积雪，以免造成枝干断裂的状况。

滴水成冰——大寒

大寒一般在1月下旬，即每年1月20日前。《月令七十二候集解》说："十二月中，解见前（小寒）。"《授时通考·天时》引《三礼义宗》说："大寒为中者，上形于小寒，故谓之大……寒气之逆极，故谓大寒。"这时候气温降至最低点，天气冷到极点。这是一年中最严寒的季节。此时天气确有寒气逼人、滴水成冰之势。一有降雪，到处则是一片冰雪世界。通常冷在"三九"之说即在于此。



习惯农时劳作的人们，此时往往将土杂肥运往田间，称为"腊肥"，藉以给小麦保温安全越冬。生活中，人们将为即将到来的春节作各种筹备，置办"年货"。由于生活的整个空间被寒气所包围，人们如同置身于天然的"冰柜"之中，所以食品随意放置，长时间也不易变质。

这个时节，寒潮南侵频繁，是我国大部分地区一年中的最冷时期，大风低温的天气下地面积雪保持不化，世界呈现出一片冰天雪地、天寒地冻的寒冷情景。气象观测记录表明，我国绝大部分地区的小寒要比大寒冷；然而，在一些年份和沿海少数地区，最低气温仍然可能出现在大寒节气中。大寒时节，我国南方大部分地区平均气温多在6℃～8℃，比小寒高出近1℃。"小寒大寒，冷成一团"的谚话，说明大寒节气也是寒冷时期。因此要继续做好农作物防寒工作，特别应注意使牲畜免受严寒的侵害。

## 四季与旅游景观

### 春季之旅：罗平油菜花

罗平位于滇、黔、桂三省交界处，素有"鸡叫三省"之称。去罗平旅游，主要是看油菜花，拍油菜花。每当春季来临的时候，罗平到处都是金

罗平油菜花

色的海洋、金色的山岗、金色的沟壑、金色的原野、金色的河堤。放眼望去，整个罗平俨然是“金色的世界”。

罗平花海，位于县城周边方圆30千米的范围。早春二月，当你前往罗平旅游，经过324国道旁的湾子湖时，你会发现整个坝子满眼都是铺天盖地、如波似浪的油菜花，那青的山、黄的花、蓝的天、白的云叫人遐想联翩。



在晴朗的日子里，这些油菜花经过阳光的照射，形态各异，变化万千。花姿、花影、花雾、花浪无不使人目眩神迷。登山远眺，在茫茫的油菜花海里，村落点点，溪流纵横，金灿灿的花染黄了小溪，染黄了村庄，染黄了山野，染黄了大地，使整个罗平都变成了一片金黄。

有花就有蜂，每年开春，成群的蜜蜂飞满了罗平的天空。它们唱着欢快的歌谣追逐着花的芬香，来来往往，你追我赶，飞翔在花海里，尽情地吮吸着油菜花的精华而这些蜜蜂的主人则是流浪在春天的吉卜赛人（一种过游荡生活的民族）。

为了“追蜂逐蜜”，他们安营扎寨在油菜花中，风餐露宿，又成了罗平的一道风景。步入罗平的油菜花海，你会发现，在这花海中停泊着一叶叶的小舟——这是养蜂人的汽车。这时，蜜蜂飞舞，车在花中。养蜂人则悠闲地坐在车旁生起篝火，就像是一幅天然的水彩画。

如今，罗平油菜花已经成了云南东北高原上的一大景观，每年春节过后，成千上万的诱人从四面八方来到罗平观花海，弄花潮，寻花思情。

尤其是到了每年的历二月初二，九龙河附近的布依族、壮族、黎族请您啊盛装聚此，对歌择偶，别具风格的兵器舞，狮子舞，高跷舞，野毛人舞异彩纷呈。而每年2~3月间举行的罗平油菜花节，更成了云南旅游的一个亮点，成千上万的中外游客、摄影家们纷至沓来，恨不得跳进金黄的花海中亲吻那芳香的油菜花。每当此时，花潮辉映人潮，形成了罗平一年一度难得的奇观。

**春季之旅：江西婺源**

婺源有“中国最美的乡村”之称。阳春三月，是婺源最美的时节。走进婺源，随处可见小桥、流水、人家的江南风光。漫山遍野的油菜花与鳞次栉比的徽州民居交相辉映．如同一幅幅活生生的水墨画，散发着芬芳的气息。



去婺源，最好是春天，那里的山，郁郁葱葱；那里的水；清清澈澈，那里的油菜花，芳香扑鼻。每到春天，金灿灿的油菜花，把婺源的天地映得金光一片，成了游客追逐的一道亮丽风景。

江西婺源油菜花

每当此时，整个婺源都变成了金黄色的海洋，加上那粉的桃花、白的梨花，在太阳照耀下，更加熠熠生辉，共同营造了一个唯美的婺源，静谧的婺源。

假如你能在阳春三月的季节里，走进婺源的村村落落。远远望去，在山风中，油菜花布满了村子的每一个角落，成片成片地绽放。乡村的石板路，河上的石拱桥，农舍间都是油菜花的影子，透着温婉，荡着清香，给人一种震撼、一股热浪和一份遐思。

与其他地方的油菜花相比，婺源的油菜花别有一种意韵。群山环抱，蓝天碧水，在葱茏绿色掩映中，粉墙黛瓦的徽州民居鳞次栉比。一个个古老的村落点缀在广阔的油菜花丛中，争相辉映，加上炊烟袅袅，如同一幅幅花黄柳绿的水墨丹青。

晴天，这里的油菜花，黄灿灿地明媚动人。雨天，这里的油菜花，露珠点点，也别有一种滋味。雨水中，油亮油亮的柏油公路，大片大片金黄的油菜花，夹杂着黄、绿、青、白的颜色，携带着雨丝扑在脸上，怎不令人陶醉其中呢！

虽说婺源的油菜花每个村落都有，但最美的还是江岭与晓起。走在去江岭的小路上，两旁的油菜花放肆地开着，行云流水般流动着，黄色花瓣迎风招展。满目的灿黄，犹如海潮般涌来。从脚下到远近的山头上都是一片片金黄的花海，层层叠叠。春风拂过油菜花随风摆动，空气中游离着淡淡的画像，夹杂着田园的气息。那些金黄翠绿之间，不时有蜂鸣蝶舞，不断将春的消息带到人间。

站在江岭顶峰，从山上俯瞰，梯田被分成了一块块几何形状的图形，那如波似的黄色海洋，如此的风情万种，让你整个人都变得飘忽起来，渐渐地被融化……



**春季之旅：江苏扬州**

每个城市都有它季节的外衣。比如扬州之美，美在烟花三月。千年前李白的一首诗，把扬州之美描绘得淋漓尽致。每年三月，扬州城内桃红柳绿，春光烂漫。瘦西湖上小船悠悠，春风拂面。在这个如诗如画的城市中游走，那感觉真是美在心间。三月扬州，怎一个“春”字了得。

三月扬州瘦西湖

千古繁华地，歌欢古扬州。自古以来，扬州就是景色秀美，风物繁华之城。走在扬州的春天中，用再多的词汇进行描绘都是多余的。因为，扬州处处是美景，只要你愿意，随便走到户外的某一个地方，迎面就可以感受到绿水映青山的美景。“两堤花柳全依水，一路楼台直到山”，这是春到瘦西湖的高度概括。在十里狭长的湖区，在二十四桥之上，玉人的箫声总在如水的夜晚，随荡漾的湖水缓缓飘来，令多少文人骚客为之销魂动魄，将满腔的火热情怀都揉进了扬州的春天里，融入了瘦西湖中水波中。

有人说，烟花三月下扬州，为的就是看扬州的琼花，“不赏琼花开，枉来扬州城”，也是历来不变的说法。琼花是扬州的市花，无论是在风光旖旎的瘦西湖畔，还是在瓜洲古渡的闸区，或是寻常百姓的房前屋后，到处都有仙姿绰约的琼花。每到琼花盛开的季节，中外游客纷至沓来，在扬州这块古老的土地上流连忘返。琼花的美，是一种独特风韵的美，它不以花色鲜艳迷人，不以浓香醉人，琼花的美，在于它那与众不同的花型，琼花的美，更在于它传说中的仙风傲骨。盛开的琼花，其花大如玉盆，由几片大花瓣围成一周，环绕着中间那颗白色的珍珠似的小花簇拥着一团蝴蝶似的花蕊。微风吹拂之下，轻轻摇曳，宛若蝴蝶戏珠，又似八仙起舞，仙姿绰约，引人入胜。



烟花满目的扬州不只园林漂亮，精致的茶点和街头小吃更让人眼花缭乱。至于味道如何，曾以扬州人自居的朱自清先生说过：扬州是吃得好的地方，这个保证没错儿。

“早上皮包水，晚上水包皮”，说的是扬州人早上去茶楼喝茶，晚上去浴室泡澡的享乐生活。在扬州，名气和瘦西湖不相上下的，就是富春茶社。走进富春茶社老店之前，首先要经过一条百来米的小巷，两侧的摊铺一片刀光“剪”影，卖的全是扬州三著名的富春茶社。

对于富春茶社的经营之道，有人用这样的话来形容：“自从富春开门的第一天起，120 多年来都是顾客盈门。”到过富春的名人数不胜数，朱自清、巴金、冰心、吴作人、梅兰芳等人都在店内留过墨宝。在阳春三月的季节里，富春茶更是门庭若市。如果不提前预订，是很难在这里到包间的。

**春夏之旅：扎龙湿地**

扎龙湿地位于齐齐哈尔市境内，这里河道纵横，水草丛生，曾被评为中国最美的六大沼泽湿地之一。每年 8～9 月，约有二三百种野生珍禽云集于此，其中尤以丹顶鹤居多。在每年 8 月份举行的观鹤节期间，众多的游客纷至沓来，场面蔚为壮观。

说扎龙湿地是“鹤的故乡”，并没有任何夸耀之词。全世界共有 15 种鹤，而在扎龙，就有 6 种，其中丹顶鹤的数量约占全世界的 1/4。说扎龙是水禽的“天然乐园”，也名副其实，这里除丹顶鹤以外，还有大天鹅、小天鹅、大白鹭、草鹭、白鹳、鸳鸯等 150 多种珍稀水禽。

扎龙湿地的丹顶鹤

每年的 4 ~ 5 月、8 ~ 9 月为观鸟的最佳季节，此时到扎龙湿地来，会听到丹顶鹤引颈高歌。登上望鹤楼凭栏远眺，绿色的芦苇荡一直铺展到遥远的地平线，三五成群的丹顶鹤在芦苇荡与湖边翩翩起舞。它们迈着轻盈的脚步，时而引颈向天，时而相互凝望。那神情，动人心弦，慑人心魄。尤其是在夕阳或是晨光的照耀下，它们的姿态更加显得超凡脱俗。每当它们展翅腾飞，就像一道道闪亮的白光，那份洒脱与悠闲，令人叹为观止。

在扎龙湿地，最吸引人的是丹顶鹤独特的求爱方式。每天清早或黄昏，丹顶鹤成双成对地聚集在沼泽浅滩上，开始一场场情歌对唱。这时，每一只丹顶鹤都会响亮而频繁的鸣叫着，向“恋人”表达着绵绵的爱意。在唱情歌的时候，雄丹顶鹤会展开漂亮的双翅，围着雌丹顶鹤翩翩起舞，嘴里还“嗝嗝”叫个不停，似乎在征得“恋人”的同意。而雌丹顶鹤若真的有意，也会走上前去，与“恋人”亲密地跳起双鹤舞，而且还会做出各种各样的舞蹈动作。在双方对歌对舞，你来我往之中，丹顶鹤便会选中自己中意的伴侣，从此偕老至终，绝不改变。

## 夏季之旅：西宁郁金香

提起郁金香，许多人的眼前都会浮现出遍地金黄的景色。虽然郁金香在全世界各地都是有种植，但它最先是从青藏高原传到中亚细亚和地中海沿岸，然后风靡全球的。花卉界普遍认为，青海才是郁金香的故乡。每年5月初，在西宁的各大公园内红色、黄色、白色、紫色……各种颜色的郁金香竞相绽放，使西宁变成了花的海洋。青海，郁金香的故乡。

西宁地处青海东部，夏无酷暑，冬无严寒，号称“中国夏都”，这种气候非常适有郁金香的生长特性。这里原是郁金香的故乡，早在2000多年前，生长在这里的郁金香由青藏高原传到了地中海沿岸和中亚细亚。到了16世纪时，才由一位驻土耳其的奥地利使者将其带入欧洲。后来，由于历史变迁，郁金香在西宁难觅踪迹。1989年，我国从荷兰引种，使郁金香回归故里。如今，它已成为了西宁的城市名片。



每年“五一”前后是郁金香怒放的时节，在西宁的各大公园、主要街道上，形色各异的郁金香争奇斗艳，成为西宁市内最夺目的风景线。从2002年起，西宁在每年五一期间都会举办郁金香节。在节日期间，数百万株郁金香把西宁妆扮得灿烂夺目，满目尽是郁金香的世界。其温馨的花香沁人心脾，让人感到舒适无比。

西宁郁金香

伴随郁金香节举办的还有文艺演出、歌会以及其他多种多样的文艺活动。许多少数民族的朋友也盛装出席，共贺花节。如果你想在节日期间，购买一些当地的土特产，还可以参加同时举行的商品博览会，让你在饱览鲜花的同时，也可以满载而归。

鲜花的海洋除了郁金香，5 月的西宁，也是丁香花盛开的季节。在和煦的阳光和蔚蓝的天空下，白色的丁香盛开在西宁的大街小巷，特别是在各所高校的校园里，丁香树特别多。如果说郁金香是优雅活泼的女孩，喜闹、艳丽、盛姿、悦众、明媚，那么丁香则是多愁善感的少妇，娴静、淡雅、哀婉、愁怅，以它美而不艳的花朵，浓郁的芳香，使观赏它的人为之深深沉醉……

**夏季之旅——河北白洋淀**

白洋淀是华北平原上的明珠，因荷花的美而尽人皆知。每到夏日，荷花遍布了整个白洋淀。碧绿的荷叶铺满了水面，玉立在荷叶间的花朵，颜色各异，美不胜收，是观赏荷花的极佳之地。

河北白洋淀

每年夏天，正是白洋淀荷花盛开的时候，各种各样的荷花在重叠的荷叶间，或举或藏，或开或闭，或躺或卧，充满了无限生机。那荷花小到案头的碗莲，大到能负重几十斤的王莲；那颜色，红、黄、白、粉、绿各不相同：那花形单层、双层、多层，姿态各异……把整个白洋淀点缀成荷花的天堂。乘船进入淀中，又是一番景色。宽阔的水面一望无际，碧绿的荷叶连成一片，荷梗挺立，梗上的大莲花，艳丽多姿，相互媲美。穿行在荷花丛中，剥一只亲手采摘的莲蓬，感觉与在城市里吃到的截然不同。

到白洋淀看荷花，最佳地点为白洋淀荷花大观园。

这里是我国目前种植面积最大、荷花品种最多的生态旅游景点。国内荟萃了各种荷花，不仅有来自洞庭湖、微山湖、西湖的名荷，还有日本的大贺莲、美国的黄莲中美合育的友谊牡丹莲。他不仅对游客展示了近 300 种荷花，也使白洋淀呈现了“接天莲叶无穷碧，映日荷花别样红”的美景。

去白洋淀看荷花，最具特色的就是荷灯节了。每年 7 月到 10 月晚上便是燃放荷花的时节。放荷灯的晚上，码头旁边彩灯高悬，锣鼓喧天，人头攒动，水乡各个村庄的群众，都涌向村头淀边。划船到淀里把荷灯点燃，让菏灯随着水流飘走。

菏灯点燃那一刻，淀中的荷花与天上的星光相互辉映，整个白洋淀是灯光的世界。所有的人都怀着虔诚的心，把它们的心愿和祝福寄托在菏灯之中。这样的情景，无论是你站在远处瞭望，还是在近处参与，都会让你感到异常的快乐和幸福。

**秋季之旅：沙家浜芦花**



江苏常熟的阳澄湖畔有个沙家浜，这个因样板戏《沙家浜》而出名的小镇，不仅是红色旅游的热门景区，更是观赏芦花的极佳之处。这里有占地 1000 多亩的芦苇荡，每到芦花飘放的季节，色如白雪的芦花摇曳生姿，风情万种，呈现出了一幅多姿多彩的江南画卷。

有人说，芦花之美，不是一瓣之芬芳，不是一朵之娇羞，是一望无际的气势之美，是顾盼生姿的摇曳之美。在沙家浜景区里，有华东地区最大的芦苇生态湿地。纵横交错的河巷和茂密的芦苇荡，构成了一个辽阔、幽深而又曲折的水上迷宫。

“春夏芦荡一片绿，秋后芦花赛雪飘。”深秋时节，这里的芦苇渐渐变黄，摇曳的芦花开始吐絮，沙家浜最美的季节也随之开始了。如果你有兴趣在芦花飘香、岸柳成行大雁低鸣的秋天，泛一叶轻舟，在芦苇荡中穿梭，便可以看到那随风摇曳的芦花，如铺天盖地的白雪，煞是迷人。

每当日落西山的时候，晚霞中的芦花瑟瑟而动，显得浪漫又伤感。那成片成片的芦苇密密匝匝，风吹过，花穗便懒懒散散地摇曳生姿，随秋风飞扬；疾风一起，芳香扑鼻的芦花又像汹涌的波涛连绵起伏，给游人带来无限的遐思和畅想。

沙家浜地处阳澄湖畔，这里河湖密布，水草丰茂，食饵充裕，是螃蟹栖息的理想场所，全国闻名的阳澄湖大闸蟹即产于此。这种蟹不仅健壮有力，而且肉质鲜嫩，脂厚膏盈，蟹黄凝结成块，其中尤以“九月团脐（雌蟹）十月尖（雄蟹）”为珍。

每年9～10月是在沙家浜吃蟹的最佳季节，谚语有“吃了大闸蟹，百菜无滋味”之说。如果选择在10月份前往沙家浜，正好可以赶上雄蟹黄白鲜肥，其色、香、味妙不胜言。怪不得章太炎夫人汤国梨女士曾用诗赞日：“不是阳澄湖蟹好，此生何必住苏州。”可见，这里的大闸蟹是其他湖区无法比拟的。

**秋季之旅——四川米亚罗**

“米亚罗”是藏语，意即“好耍的坝子”，景区东西长127千米，南北宽29千米，每当秋风乍起的时候，景区内的枫树、桦树、鹅掌松、落叶松等渐次经霜，将各种各样的树叶染成了绮丽的红色，红艳似火，美如云霞，广袤无际，远山雪峰晶莹，煞是迷人。这时候，整个米亚罗满山红遍，层林尽染，是我国欣赏红叶的著名圣地。



金秋是米亚罗的四季之最，金秋十月的米亚罗灿烂绚丽，整个景区森林景观和民族风情和谐一体，享有“三千里红叶，三千里情”的美誉。米亚罗的红叶由高到低，层次分明地从山顶红到河谷，满山红叶竞相争艳。

在这秋高气爽，云淡风轻之际，谁不乐意去看那晨如朝霞，暮似火云的红叶，绯红的三角枫婆娑起舞，绛红的青榨槭骚首弄姿，黄栌摆动如茶的手臂与绿波共舞，乌柏与桦木相伴，金黄流丹，独树一景。殷红的小柏果，以其珠圆玉润在翠绿中闪射出诱人的红光，青松林中的高山栎，以深沉的紫红在林海中，点出秋天的主题。斑斓的色彩与蓝天、白云、山川、河流，构成一幅幅醉人的金秋画卷。

每年10月中旬，米亚罗所在的理县都要举办红叶节。当地的藏族羌族同胞载歌载舞欢迎远方来客，拿出香甜的酥油茶，青稞酒奉献给各地游客。其淳朴的民族习俗，极具特色的民族服饰，可让到访的游客尽情领略藏羌民族的文化风情。

**冬季之旅：江西鄱阳湖**

鄱阳湖是世界上最大的越冬白鹤栖息地，每年11月到翌年5月，水落滩出，各种形状的湖泊星罗棋布，美丽的水乡泽国风光吸引了大批来自内蒙古大草原、东北沼泽地和西伯利亚荒野的珍禽候鸟来此越冬。在这足以容纳数百万候鸟的水面上，有无比壮观的“天鹅湖”，更有令人叹为观止的“鹤长城”。

江西鄱阳湖的鸟群

“鹤飞千百点，日没半红轮”。这是诗人对鄱阳湖候鸟的赞誉。寒冬时节，当你走进保护区，仿佛走进了一个鸟的王国、鹤的乐园。一群群白鹤，远眺像点点白帆在天边飘动，近观似玉在水中亭亭玉立。它们时而信步徜徉，时而窃窃私语，时而引颈高歌，时而展翅腾飞。在这万籁俱寂的天水之间，奏响了世界上任何乐队都无法演奏的交响曲。



“落霞与孤鹜齐飞，秋水共长天一色。”每当夕阳西下的时候，这里是一个金碧辉煌的世界，鹤群伴着悦耳的鸟鸣，在湖区上空飞来飘去。当夜幕降临，月明星稀的时候，湖区内成千上万的白鹤、天鹅、雁鸭竞相鸣唱，仿佛是朋友们在叙旧谈情，又像是在共同载歌载舞，庆祝迁徙的胜利。如果这时你住在保护区内，定会被这百万水禽的大合唱所陶醉，决无吵闹之感。

鄱阳湖有“白鹤王国”的美称，白鹤的数量占全世界总数的2/3以上。在鄱阳湖保护区众多的鸟类中，最珍贵的保护对象就是白鹤。它在地球上已经生活了6000万年，堪称鸟类中的“活化石”。它脸红眼黄，全身羽毛洁白无瑕，整个轮廓显出一种优雅的曲线美。

据统计，每年冬天在鄱阳湖越冬的白鹤达2000只左右，是全世界最大的白鹤集中越冬地。仅大湖池、常湖池就有白鹤1350只。用国际鹤类基金会主席乔治·阿基波博士的话来说：“这是世界上仅有的一大群白鹤，其价值不亚于中国的万里长城。”

“晴空一鹤排云上，便引诗情到碧霄。”白鹤不仅是吉祥、长寿、华贵的象征，而且还是诗人为之吟颂的对象。如今，在鄱阳湖区域内的吴城镇附近修建了完善的观鸟点，在这里不仅可以观看到数量众多的白鹤，还有小天鹅、白琵鹭、东方白鹳、鸿雁等众多漂亮的鸟类，可以使观鸟者大饱眼福。

**冬季之旅：威宁草海**

威宁草海

威宁草海是真正的“鸟类王国”，每年在这里越冬的鸟类多达 185 种 10 余万只。其中黑颈鹤、金雕、白尾海雕等 7 种是国家一级保护鸟类，灰鹤、白琵鹭等 20 余种是国家二级保护鸟类。每年 12 月份左右，世界各地的鸟类专家和观鸟者纷至沓来，因此这里被誉为“世界最佳观鸟区”。

草海素有“高原明珠”之称，是贵州最大的天然淡水湖。它与青海湖、滇池齐名，是国家级自然保护区，以水草繁茂而得名。

这里四季气候宜人，温暖如春。每当暮春时节，草海周围开放着大面积，千姿百态、绚丽动人的杜鹃花。到了冬天，草海则成为了观鸟的胜地，这时也是观赏黑颈鹤的最好季节。特别是在风和日丽的时候，站在岸边极目远眺，草海水天一色，烟波浩森，鸢飞鱼跃，大雁横秋，俨然是一幅天然的水彩画。

草海的鸟类资源特别丰富，素有“鸟的王国”之称。每年在这里栖息的候鸟、留鸟达 140 多种，有黑颈鹤、白腹锦雉等珍禽，是国家鸟类保护区之一。每到冬天，数以万计的涉禽和游禽云集于此，其中就有国家一级保护鸟类——黑颈鹤。

它是世界上唯一生活在高原沼泽的鹤类。每年初冬时节，青藏高原上“千里冰封”的时候，黑颈鹤举家南迁，飞往草海越冬。草海优良的水质、茂密的水草、众多的鱼虾，自然成为了黑颈鹤栖息密度最大的越冬地，直到次年春回大地之后才飞回故地。此时，也是观鸟爱好者前往草海观鸟的最佳季节。

在草海，除了拥有特别珍稀的黑颈鹤外，还有大量的灰鹤、丹顶鹤、黄斑苇雉、黑翅长脚鹬和草鹭栖息于此，是世界人禽共生、和谐相处的十大候鸟活动场地之一，在科学界又被称为“物种基因库”和“露天自然博物馆”。

## 四季与常发的健康问题

### 春天易发生的健康问题



又是一年春天，暖花开，阳光足，到处一片欣欣向荣景象。然而每年春天，是个疾病易发和传染的季节。在“吹面不寒杨柳风”的季节里，偶尔有个身体疲劳、头疼脑热。各大医院的门诊部内往往人满为患，鼻炎、流感、肺炎、麻疹、精神疾病……一时之间众症齐发，有人因此把春季戏称为“多病之春”。医学专家指出，春季是冷暖空气频繁交汇的时期，天气多变忽冷忽热，若不注意健康保养，很容易患上流行疾病。忙碌的人们在计划自己一年的工作之余，也要抓紧关心一下自己的身体。

#### 上呼吸道感染

不少疾病与病毒活跃且感染机会多。一年四季都会遭遇呼吸道感染，但春季是上呼吸道感染的多发时节。上呼吸道感染，俗称“伤风”，普通感冒起病较急，早期症状有咽部干痒或灼热感、喷嚏、鼻塞。

季节原因：

风和日丽的季节，群体活动会增多，大家交叉感染的机会也就增多了，以及生活环境对身体的不利，如室内装修不合格等。

#### 过敏性皮炎

春季对于敏感体质的人来说是个难熬的季节，麻烦可能出现在皮肤上，

尤以脸部较常见。春天风大，空气中浮尘很多，飞扬着柳絮、花粉等容易引起过敏的因子，很容易使皮肤过敏。很多人还会感觉皮肤发干，而且用完护肤品后，皮肤会呈现干燥红肿现象。

季节原因：

因为春天人体新陈代谢能力逐渐提高，皮脂腺分泌日益增多，皮肤在自我改变。这个时期，皮肤非常敏感，如果不注重防护和保养，就会患上皮炎，女性的皮肤更易过敏。造成过敏的原因很多，其中最常见的原因有食物、动物皮毛、螨、昆虫、空气中大量飘散的花粉、灰尘、空气污染、农药、化肥、洗涤剂、橡塑鞋、化纤原料以及鲜为人知的真菌过敏等。而且，季节的变化使机体中与过敏相关的细胞出现不稳定，过敏症状随之出现。



皮肤病

春季，患有各种皮肤病患者明显增多。像病毒性皮肤病，主要是水痘、风疹等；颜面再发性皮炎俗称春季皮炎，多见于18～40岁的女性，主要表现为脱屑、瘙痒、干燥等症状，有的表现为红斑、丘疹和鳞屑，经一周而减退。还有些女性表现为雀斑增多或褐斑加重。此外，由蚊虫叮咬等原因所致的丘疹性荨麻疹以及接触性或吸入性过敏所致的皮炎也比较常见。

季节原因：

南方地区春季气温比北方高，且比较潮湿，故容易真菌感染，如体癣、股癣等多发的皮肤病就开始“光顾”。

关节炎等旧病

气温、气压、气流、气湿等气象要素最为变化无常的季节是春季。与气温变化有关的旧病，如关节炎、哮喘病等，在季节变化无常的时节自然会复发。

季节原因：

受气候影响的疾病，因为平时温度调节机制就比健康人差很多，更何况像早春这样气温时高时低、时风时雨的季节，病人在此期间对气象要素的变化适应性差，抵抗力弱，极易引起复发或使病情加重或恶化。

### 不可小视的春困

春季的早晨醒来，绝大部分人都会有种感觉就是——没睡醒，提不起精神，浑身懒洋洋的。这是很多人的一种状态，这种现象叫做春困。由于季节变化明显，早晨环境又宜人酣睡，大多数人都说睡不醒，出现“春困”。很多人都会以为春困只是很平常的困觉，根本没有什么大不了，也算不上什么病症。其实这种想法也有一些误区，虽然春困算不上什么病症，是因为季节原因引起的，但是如果对其不够重视的话，还是会引起身体的生理疾病甚至更为严重的后果。

季节原因：

由于冬春两季的气候变化大，人的身体需要有一个适应调整的过程。人们在寒冷的冬季和初春时，受低温的影响，皮肤汗腺收缩，以减少体内热量的散发，保持体温恒定。进入春季，气温升高，皮肤毛孔舒展，供血量增多，而供给大脑的氧相应减少，大脑工作受到影响，生物钟也不那么准了。



### 春季感冒

感冒及中医说得“伤风”，“风温”。

春天气温温暖多风，人体的阳气向外开泄，容易感受风邪，发生感冒。感冒一般分为风寒感冒和风热感冒两种。由于春天是阳气生发的季节，所以春季感冒多出现一些热性症状，中医叫“热伤风”或“风温”。主要症状是发热、怕冷、全身酸痛、乏力、头痛头晕、咽喉红肿疼痛、口干，或者咳嗽咳痰、痰黄黏稠、口唇发出热疮。

## 夏天易发的疾病

夏季，也是各种疾病和传染病的多发的季节。

夏季的主要疾病有：中暑、热中风、肩周炎、水中毒、肠道传染病等。

### 中暑

中暑是夏季最常见的病症之一。

原因：人在高温环境中，体温调节失去平衡，肌体大量蓄热，水盐代谢紊乱。

应对：轻度中暑，多喝含盐的清凉饮料，若有头晕恶心呕吐等症状，可以服用人丹或藿香正气水，重症中暑患者，应抬到阴凉处就地抢救，并立即送往医院。

夏季肠道传染病

夏季气温高，食物容易腐坏变质，而且各种蚊虫的繁殖也快，成为传播疾病的渠道。易发的肠道传染病主要有霍乱、痢疾、甲肝、食物中毒、水中毒等。

发热中风



主要原因：由于室内与室外气温相差太大，若频繁出入房间，忽冷忽热使脑部血管反复舒缩。发生在患有心血管病的中老年人身上。

热感冒

天热流汗使我们消耗了大量的能量，加上夏天胃口比较差，没有足够的营养及时补充，使体内的抵抗力下降。另外，贪图凉爽，热得满头大汗时用冷水冲头或洗冷水澡，睡觉时对着电扇吹个不停，长时间开空调，导致室内外温差较大，这些都可以引起夏季感冒的发生。

夏季注意哮喘

过敏体质的青少年，如果突然进入空调室，犹如从闷热夏季突然转入冰凉环境，上呼吸道受到冷空气的突然袭击，原本就处于高反应状态的气管、支气管会反射性地痉挛，引起咳嗽、气喘。另外，夏天我们喜欢吃冷饮，这也是一种“冷”刺激。很多人在运动完之后突然大量喝冷汽水，不到一会就咳嗽、气喘。

夏天皮肤病

夏季天气潮暖，有利于各种真菌、细菌的繁殖生长，加上夏天人容易出汗，皮肤潮湿，如不及时擦净和保持干燥，真菌便会侵害我们的皮肤，引起皮肤癣病。接触患癣的人或动物及公用生活用具，都可以发生传染。最常见的皮肤癣病是足癣，也就是我们所说的“脚气”，喜欢穿皮鞋的人容易得脚气，因为皮鞋不透气，脚部的湿度和温度增高。脚气患者夏天很难受，因为除了脚趾间的皮肤发红、糜烂、生小水疱之外，还会瘙痒及有异味。另外，很多青壮年男士容易在夏天感染体癣和花斑癣（汗斑），这与他们排汗量大有关系，由于工作的原因，很多人在出汗后没有得到及时清洗，真菌在皮肤上繁殖，形成丘疹、水疱、鳞屑等，损害皮肤。

**秋天易发的疾病**

秋季天气转冷，季节交替之际，应预防以下疾病：



感　冒

秋天气候变化异常，季节转换较快，早、中、晚及室内外温差较大，呼吸道黏膜不断受到乍暖乍寒的刺激，抵抗力减弱，给病原微生物提供了可乘之机，是感冒等上呼吸道感染病的高发季节。特别是当工作环境通风不好时，感冒更容易在人与人之间迅速传播。老人、小孩是秋季感冒的易感人群。

秋季感冒中最广泛的是流行性感冒（简称流感），流行性感冒是指由流行性感冒病毒引起的一种急性呼吸道传染病。流感潜伏期短，一般为1～2天。主要表现为高热、头痛、流泪、流涕、四肢酸痛等症状，部分病例可并发肺炎等。流感主要通过呼吸道传播，传染性强、传播迅速，易在集体单位发生。每年冬季有一个季节性发病高峰，在冷暖交替季节，易发生流感或上呼吸道感染。

秋季消化系统疾病

秋季病菌繁殖快，食物易腐败，是细菌性食物中毒、细菌性痢疾、大肠杆菌肠炎、冰箱性肠炎（耶尔细菌肠炎）等肠道疾病的多发季节；同时秋季也是胃病的多发与复发季节，受到冷空气刺激后胃酸分泌增加，胃肠发生痉挛性收缩，抵抗力和适应性随之降低。如果防护不当，不注意饮食和生活规律，就会引发胃肠道疾病而出现反酸、腹胀、腹泻、腹痛等症，或使原来的胃病加重。严重者还会引起胃出血、胃穿孔等并发症。如：病毒性腹泻（又称为秋季腹泻）是由病毒引起的一种感染性腹泻，潜伏期常见数小时至3天，临床上主要表现为恶心、呕吐、腹痛、腹泻等肠道症状，部分病例可伴有发热；临床类型可表现为呕吐型和肠炎型两种，肠炎型严重者易出现脱水。

肺结核

肺结核是结核杆菌侵入肺部并引起肺部病变的呼吸道疾病，是唯一具有传染性的结核病。秋季户外活动多，容易在不知情的情况下与传染性结核病人有过近距离接触引起感染。提醒人们，当出现脸红、低烧、乏力、盗汗、咳嗽、吐痰等情况时，应提高警惕。同时还有以下几种秋季疾病也需要引起我们的注意，多加防范。



气管炎

慢性气管炎对气候变化较敏感，加之深秋季草枯叶落，空气中过敏物较多，易诱发气管炎。

关节炎

时入伙季，暑湿蒸腾尤在，同时寒意袭人，极易发生外寒内湿的关节痛症。注意防寒保暖，尤其是大汗后不宜立即接触冷水或用冷水洗澡；有关节炎病症史者，应积极预防治疗。

秋雨病

秋雨天，气压低，湿度大，易对人的血压、血沉、尿量等产生影响，使有些人出现沮丧、抑郁情绪。

皮肤感染

秋季，皮肤易被病源寄生虫和蚊蝇叮咬，出现红肿且奇痒，搔抓后会继发细菌感染，出现脓疱（疹）等。

肺炎秋燥症

因温度降低而出现的秋燥易危害人体肺部，应积极加强锻炼，增强功能，预防肺炎的发生。

## 冬天易发的疾病

流感和感冒

冬季气温降低、昼夜温差变大，常人最需提防的就是流感和普通性感冒的侵袭，它会加重潜在的疾病如心肺疾患，老年人以及患有各种慢性病或者体质虚弱者患流感后容易出现严重并发症，病死率较高。一般来说，流感表现为起病急骤、畏寒、高热、头痛、肌肉关节酸痛、全身乏力、鼻塞、咽痛和干咳，发烧在39℃以上，还会引发肺炎等并发症。普通性感冒表现为喉咙痒痛、鼻塞、流泪、流鼻涕、打喷嚏、咳嗽、轻度发烧、头痛和咽痛。一般来说，年老体弱者、儿童、患有慢性病者和免疫力低下的人容易被流感或感冒找上门来。



慢性支气管炎

慢性支气管炎一般是由感染、长期吸烟等因素引起的。一般来说，老人、吸烟者、患有慢性病和免疫力低的人（如患有冠心病、高血压、糖尿病、肺结核、肿瘤等），在冬天里都容易发作慢性支气管炎，而且容易发展成肺气肿，严重的甚至会发展成肺心病。这是因为在秋冬换季时，如果受凉，抵抗力又差，就会引起慢性支气管炎的急性发作，严重的甚至病情会持续一两个月，有的直到天气转暖时才会缓解，而且病情也容易反复。

哮　喘

冬季是呼吸道疾病容易肆虐的季节，哮喘就是其中之一。据专家说，冬天里天气寒冷，受寒冷的刺激很容易诱发哮喘；发生肺部感染也容易诱

发哮喘。此外，冬天里很多地方包括家庭容易门窗紧闭，导致室内空气污浊，加上有的家庭养宠物，在宠物的皮毛以及其他过敏原的刺激下，也都容易诱发哮喘。另外，运动不当也可能会诱发哮喘。而容易发作哮喘的一是有过敏史的人，二是患有过敏性鼻炎的人，而其他疾病如慢性支气管炎也可能合并哮喘。

心脑血管疾病

寒冷的气候会使人的血管收缩，使血压增高或血压不稳定，心脏负担加重，容易发生脑血管病，因此冬天里也要提防心脑血管疾病。一般来说，如果冬天里老人数日或数周有乏力、头晕、烦躁、胸部不适，活动时心悸、心绞痛或心绞痛发作频繁、剧烈、持久的情况，就该小心是否是心脑血管疾病找上门来了。



消化系统疾病

秋冬季节交替时，人的肠胃系统很容易出现功能失调的状况，原有胃溃疡的患者也容易发病，一些暴饮暴食者以及原本肠胃功能就差的人容易出现胃部不适、消化不良，甚至会引发肠胃炎。

## 四季与人类的健康生活

### 放风筝

春节期间，北京多晴朗之日。春风袅袅，碧空如洗，丽日白云，寒气渐消。这时，如果抬头观望，常常会看到两三只色彩鲜灵的风筝，在湛蓝的天空中飘荡。北京人都喜欢风筝，春节期间到旷野去放风筝，也是一大乐趣。从大年初一起，一直到清明节，是北京放风筝的好时候。不管春天来得多么晚，也不管残冬多么顽固地不肯退走，人们只要看到天空中飘荡着的风筝，就会深切地感到，春天来了，桃红柳绿的日子已经不远了，所以风筝可称是北京人心目中的报春花。出售风筝的小贩，往往就是制作风筝的艺人，他们用一种使人感到亲切的吆喝声招徕顾客，有时还会就地把风筝放到空中。戴“妈虎帽”的小孩，穿长衫的读书人，著青缎子马褂的老翁，都会被这些栩栩如生的风筝所吸引，仰首观望，啧啧赞叹。天空中是翩翩起舞的风筝，地面上是哗哗啦喇的鞭炮，构成了一幅生意盎然的京华新春风情图，令人心醉，令人依恋。

中国的风筝有着悠久的历史。据传春秋时公输般就曾“制木鸢以窥宋营”。在中国古代文献中，常把风筝列在“岁时风俗”类中，可见自古以来放风筝就是一种应节的娱乐项目。春节前后，南来的和风渐渐驱走了西伯利亚南下的冷空气，地表温度增高，气流上升，正是北京放风筝的好时节，久而久之人们就把风筝和春节联系在一起了。如果注意观察，在大年初一以前，天空中绝少看到风筝，而从初二起，风筝就越飘越多了，这也算是北京春天来临的一种标志吧！



放风筝的益处

放风筝

中国有句古话：“鸢者长寿”意思就是说，经常放风筝的人寿命长。制作一只绚丽多彩、新颖别致的风筝也是一种创造。当人们眺望自己的作品摇曳万里晴空时，专注、欣慰、恬静，这种精神状态强化了高级神经活动的调节功能，促进了机体组织、脏器生理功能的调整和健全。双目凝视于蓝天白云之上的飞鸢，荣辱皆忘，杂念俱无，与保健气功的作用异曲同工。其效应符合传统医学的修身养性之道。

在风和日丽的大自然中放风筝是最好的日光浴、空气浴。跑跑停停的肢体运动可增强心肺功能，增强新陈代谢，增强体质。此外，放风筝的群体性很强。筝友相聚，妙语连珠，破闷解难，精神愉快。“笑一笑，十年少。”也是鸢者长寿的重要因素。

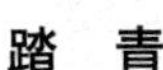

### 踏 青

踏青，又叫春游、探春、寻春。于花草返青的春季，结伴到郊外原野远足踏青，并进行各种游戏以及蹴鞠、荡秋千、放风筝等活动。中国的踏青习俗由来已久，传说远在先秦时已形成，也有说始于魏晋。据《晋书》记载：每年春天，人们都要结伴到郊外游春赏景，至唐宋尤盛。据《旧唐书》记载：“大历二年二月壬午，幸昆明池踏青。”可见，踏青春游的习俗早已流行。到了宋代，踏青之风盛行。宋代画家张择端的风俗画《清明上河图》就极其生动地描绘出以汴京外汴河为中心的清明时节的热闹情景。在这一画卷，画面人物就达550多人，牲畜50余头，船20多艘，车、轿20多乘。

清明踏青之盛况，可见一斑。唐代诗人杜甫就曾记载皇家游春踏青的盛景，“三月三日天地新，长安水边多丽人。”千百年来，踏青渐成了一种仪式，“逢春不游乐，但恐是痴人。”白居易的《春游》诗正是这种心境的写照。

春季外出踏青对人体是有诸多益处的。如穿林过涧呼吸新鲜空气，可清肺健脾，增强心肺功能；攀峰越岭，可舒筋活络，防止关节老化；疾步快走，可促进血液循环，预防动脉硬化；举目远眺，可以开阔视野，推迟视力退化；通过消耗身体热量，可以促进胃肠蠕动，改善消化功能，增进食欲等等。

而气候适宜的春季，空气中的“长寿素”——负氧离子较多，据测定，在大城市的房间里，每立方厘米空气中只有40～50个负氧离子，郊野却有700～1000个，海滨和山谷高达2000个以上，对增进人体健康大有裨益。它不仅能杀死空气中的多种细菌，还可以调节大脑功能，促进血液循环和新陈代谢，提高人体抵抗力，还可以消除疲劳，振奋精神，并具有镇痛、镇静、镇咳平喘、降血压等功效，对于高血压、气喘病、神经衰弱、关节炎都有治疗作用。因此也被称为“空气维生素”。

此外，野外春风和煦，光线适宜，使人产生一种非常舒适的感觉，由于紧张工作而产生的疲劳感觉，也会因此而消散。另外，可以使人的心跳和呼吸放慢，从而使心肺得到休息。有人测定，在野外，每分钟心脏跳动比在城市要减少4～8次，个别情况可减少14～18次，呼吸可减少2～3次，这是极益心肺的。

青山绿水也能给您的视觉带来一定的冲击力，对视力大有益处。置身于山水之间，放眼望去，会使眼内睫状肌松弛，眼球屈光调节机构放松，预防近视。绿色，对眼睛又是一种良性刺激，会使人视力敏锐，心境平静。

对于在室内蛰伏了一个冬季的老年人来说，踏青更是不错的选择。您可以徜徉游览，调剂神经，使大脑皮层中的兴奋和抑制过程得到改善，同时也可陶冶性情，健体强身。

## 冬　泳

冬　泳

冬泳严格的说是指冬季在室外水域（包括江、河、湖、海、等自然水域与水库等人工水域）自然水温下的游泳。即以立冬、立春辅以气温 10℃以下为冬季的标准定义冬泳；以水温为标志，全国冬泳可划分为 4 个层次区；气温以 17℃作为冬泳的起点；水温以 8℃作为冬泳的冷度标志。17℃以下的水温给人以冷感，低于 8℃以下则有冷、麻、强冷刺激的感觉。

冬泳的“三浴”

冬泳是集冷水浴、空气浴与日光浴于一体的“三浴”，是与冬泳人最喜爱的健身方式。

“三浴”的好处已为人们所熟知，特别是在当前“文明病”流行情况下，江河湖海中丰富的矿物质与微量元素、空气中的负氧离子、日光浴中的紫外线对健身、供氧、防治骨质疏松等都十分有益，耐冷的程度要比冬季陆上其他体育项目强烈。

冬泳人的共同感受：

(1) 从一下水，人们就立即感受到冬泳的特殊滋味。

(2) 不是不冷，不是不苦，是冷，是四肢胀麻刺痛，是呼吸急促，心跳加快；但接着的是不怕冷了，苦后的快感，出水后的愉悦振奋，似乎是冷出了志气。

(3) 下水前的瞬间迟疑，被精神振作所代替，扑嗵一声，健身练志，一切都有了。

(4) 冬泳是一项极富挑战的运动，一项挑战自我、战胜自我的运动；得来的是超越自我、战胜自我的快乐。

(5) 冬泳场地的群体氛围，平等和睦，互相关照，乐于助人，每天都有些感动，比别的群体活动的快感有过之而无不及。

(6) 冬泳是人生得意的一件事，它带来的愉悦与身心上的充实是如此强烈。俗话说，不怕不识货，就怕货比货；尝到滋味的冬泳人，自然认为：冬泳好。



坚持练冬泳好处多

冬泳的最大好处是能增强心血管的功能。人体受到冷水刺激后，全身的血液循环和新陈代谢大大地加强；人的皮肤受到冷水的刺激，皮肤血管急剧收缩，大量血液被吸入内脏器官及深部组织，使内脏重要脏器的血管扩张；机体为了抗冷，皮肤血管很快又扩张，因而大量的血液又从内脏流向体表。这样有特点地一张一缩，使血管得到了锻炼，增强了血管的弹性。因此，冬泳有利于防治心血管疾病，在坚持常年进行冬泳锻炼的人中，患动脉硬化、高血压之类的人极其罕见。

冷水的刺激使人体外周血管关闭，更多地保证了重要的脏器像心、脑、肝、脾部的供血增加，使更多的氧气被及时地输送到大脑细胞中，有利于消除神经系统的疲劳，这也就不难解释为什么冬泳爱好者中脑力劳动者居多。

人体接触冷水后会急促吸气，呼吸暂停片刻后转为深呼气，然后恢复均匀而深长有力的呼吸，这种呼吸能使肺组织的弹性大大提高，吸进更多的氧气，呼出更多的二氧化碳，呼吸系统的功能得到了加强。

一般在游泳之后人们会觉得肚子饿，这一感觉在冬泳爱好者中就更突出了。冷水能改善人体消化系统的功能，由于呼吸加深，膈肌升降幅度加大，从而加快腹腔的血循环，加强胃肠蠕动，并对邻近器官起到按摩作用。

坚持冬泳的人皮肤红润，有光泽，富有弹性。其原因是，冷水刺激后，皮肤血管强力收缩，皮下脂肪增厚，血液循环旺盛，营养充分。

冬泳一定要有吃苦的精神和顽强的毅力，持之以恒很重要。只要毅力稍一退却，就会半途而废，如果有两三周没坚持游，再下水的话，心理和身体就难适应了，面临的困难也更大。

参加冬泳后，体魄逐渐强健起来，也能在高强度的脑力劳动中保持精力充沛。不仅如此，还保持着良好的身材。

冬泳虽然好处多多，但也并非人人皆宜。

研究表明，有3种人群不适合冬泳：16岁以下的少年和70岁以上的老年人由于身体状况特殊，不适合冬泳；精神不健全的患者由于缺乏自控能力不适合冬泳；另外，经医生检查，患有严重器质性疾病如心脏病、冠心病、肺结核、肝炎、胃病以及呼吸道疾病的人也不适合冬泳。



## 滑　雪

当冬天白雪茫茫时，滑雪会成为一项热门的运动。滑雪竞赛主要有两种：北欧滑雪和高山滑雪。高山滑雪由滑降、小回转和大回转（障碍滑雪）组成。高山滑雪混合项目，由上述3个项目组成。北欧滑雪（比赛）包括个人越野滑雪赛和男子接力赛和女子接力赛。此外还有跳台滑雪赛，以及北欧混合项目比赛，包括越野赛和跳台赛。SKI（滑雪）是一个挪威词，意思是雪鞋。

滑雪运动基本的含义是指人们成站立姿态，手持滑雪杖、足踏滑雪板在雪面上滑行的运动。“立”、“板”、“雪”、“滑”是滑雪运动的关键要素。

滑雪运动从历史沿革角度可划分为古代滑雪、近代滑雪、现代滑雪；从滑行的条件和参与的目的可分为实用类滑雪、竞技类滑雪和旅游类（娱乐、健身）滑雪。实用滑雪用于林业、边防、狩猎、交通等领域，现已多被机械设备所替代，逐渐失去昔日的应用价值。竞技滑雪是将滑雪升华为在特定的环境条件下，运用比赛的的功能，达到竞赛的目的。娱乐健身（旅游）滑雪是适应现代人们生活、文化需求而发展起来的大众性滑雪。

以上3类滑雪运动，从其所要求的器材、场地、设备及运动技术的形式

来看，要达到的目的虽基本雷同，但作用和其他一些方面还是有很大差异。下面重点谈谈竞技滑雪和旅游滑雪的特色。

滑 雪

滑雪运动（特别是现代竞技滑雪）发展到当今，项目不断在增多，领域不断在扩展，目前世界比赛正规的大项目分为：高山滑雪、北欧滑雪（越野滑雪、跳台滑雪）、自由式滑雪、冬季两项滑雪、雪上滑板滑雪等。每大项又分众多小项，全国比赛、冬奥会中几十枚耀眼的金牌激励人们去拼搏、去分享。纯竞技滑雪具有鲜明的竞争性、专项性，相关条件要求严格，非一般人所能具备和适应。旅游滑雪是出于娱乐、健身的目的，受人为因素制约程度很轻，男女老幼均可在雪场上轻松、愉快地滑行，饱享滑雪运动的无穷乐趣。由于高山滑雪具有惊险、优美、自如、动感强、魅力大、可参与面广的特点，故高山滑雪被人们视为滑雪运动的精华和象征，更是旅游滑雪的首选和主体项目。通常情况下，评估人们滑雪技术水平的高低，多以高山滑雪为尺度。

近期出现的旅游滑雪项目还有单板滑雪、超短板滑雪、越野滑雪等。其中越野滑雪是在低山丘岭地带（平地、下坡、上坡各约占1/3）长距离滑行，虽然远不如高山滑雪的乐趣和魅力，但从安全和健身角度而言，更具有广泛的参与性。超短板滑雪、单板滑雪（双脚同踏一只宽大的雪板）比高山滑雪更具有刺激性，技术更灵活，在中国尚未普遍开展。

高山滑雪的规范竞赛项目有：滑降、超级大回转、大回转、回转、全能等。高山滑雪的技术种类很多，如不同的滑降技术，多变的转弯技术，应急的加速、减速、停止技术，惊险的跳跃技术及特殊技术等。一般初学者应根据自身的体育素质、年龄、滑雪基础、场地条件，可投入的时间等因素，选取滑雪入门的最优方案。初学者切忌：求急、随意、莽撞，因滑雪运动是在滑动中操纵技术，重心不易控制，易形成错误动作，故应在入门的第一天起，就应在专业技术人员严格指导下，在姿势、要领、动作方面做到三正确，从练习基本动作起步，扎实掌握技校功底，为以后的提高奠定基础。要高度认识到滑雪错误的姿势和技术一旦形成，极难纠正，会留下深深的遗憾。

怎样判断雪质？一般来说，由于下雪时和下雪后的气象条件不同，所以雪质会呈现各种各样的形态。有人统计过，大自然中雪有粉状雪、片状雪、雨加雪、易碎雪、壳状雪、浆状雪、粒状雪、泥状雪、冰状雪等。人工造的雪主要有压实的粉状雪、雪道雪等计 60 种。每种雪在滑雪板下都会使滑雪者产生不同的感受，当然对每种雪质所使用的滑雪技巧也会不同。

在我国，由于大多数滑雪场建在北方的内陆，不受海洋季风的影响，具有空气干燥、寒冷、风大的特点，雪的形态大多为粉状雪、壳状雪、冰状雪、浆状雪。目前国内的滑雪场主要是将上述雪搅拌后形成的雪道雪。在清晨时，雪质呈现冰状雪形态，表层有一层薄的硬冰壳，这种雪质的表面于滑雪板的摩擦力非常小，滑雪板无需打蜡，滑雪速度很快，滑雪者要有一定的滑行技术。



上午 10 点以后，随着温度的升高、阳光的照射，雪的表面慢慢融化，呈粉状雪形态，这种雪对滑雪者来说感受最好，不软不硬，滑行舒适。

下午，在阳光的照耀下和雪板的不断翻动下，雪质呈浆状雪形态，雪质发粘，摩擦力增大，初学者在这种雪质上滑雪较容易控制滑雪板。技术好的滑雪者可以在滑雪板的底面打蜡，以减小滑行阻力。

在下了新雪以后，如果不用雪道机搅拌和压实，几天后会在雪的表面形成一层硬壳。在这种雪上滑行，要求滑行者有较大的前冲力，以冲破这层雪滑行。这种雪质一般在雪道机无法到达的较高、较陡的高级滑雪道上，所以要求滑雪者有较高技术水平才能在这种又高又陡，需要较大前冲力的雪面上滑行。一旦您掌握了驾驭它的本领，看着一块块破碎的雪壳在空中飞舞，当会其乐无穷。

# 季节引起的自然灾害



## 凌　汛

凌汛，俗称冰排，是冰凌对水流产生阻力而引起的江河水位明显上涨的水文现象。冰凌有时可以聚集成冰塞或冰坝，造成水位大幅度地抬高，最终漫滩或决堤，称为凌洪。在冬季的封河期和春季的开河期都有可能发生凌汛。中国北方的大河，如黄河、黑龙江、松花江，容易发生凌汛。

通俗地说，就是水表有冰层，且破裂成块状，冰下有水流，带动冰块向下游运动，当河堤狭窄时冰层不断堆积，造成对堤坝的压力过大，即为凌汛。

凌　汛

产生凌汛的自然条件取决于河流所处的地理位置及河道形态。在高寒地区，河流从低纬度流向高纬度并且河道形态呈上宽下窄，河道弯曲回环的地方出现严重凌汛的机遇较多。这是因为河流封冻时下段早于上段，解冻时上段早于下段。而且冰盖厚度下段厚上段薄。当河道下段出现冰凌以后，阻拦了一部分上游来水，增加了河槽蓄水量，当融冰开河时，这部分槽蓄水急剧释放出来，出现凌峰向下传递，沿程冰水越聚越多，冰峰节节增大。当上游的冰水向下游传播时，遇上较窄河段或河道转弯的地方卡冰形成冰坝，使上游水位增高。凌汛严重于否，取决于河道冰凌对水位影响的程度，通常只有在河道中出现严重的冰或冰坝后，才会引起水位骤涨，造成严重的凌洪。简而言之产生凌汛的条件有：有冰期的河流；从较低纬度流向较高纬度的河段，且较明显的南北流向。我国黄河在宁夏和在山东境内的河段都有凌汛现象，东北的河流在满足上述条件时也同样会出现凌汛现象。

危害

冰塞形成的洪水危害。通常发生在封冻期，且多发生在急坡变缓和水库的回水末端，持续时间较长，逐步抬高水位，对工程设施及人类有较大的危害。



冰坝引起的洪水危害。通常发生在解冻期。常发生在流向由南向北的纬度差较大的河段，形成速度快，冰坝形成后，冰坝上游水位骤涨，堤防溃决，洪水泛滥成灾。

冰压力引起的危害。冰压力是冰直接作用于建筑物上的力，包括由于流冰的冲击而产生的动压力，由于大面积冰层受风和水剪力的作用而传递到建筑物上的静压力及整个冰盖层膨胀产生的静压力。1929 年 2 月在山东省利津县冰坝堵塞河道，造成决口，淹没了利津、沾化两县 60 余村。

防凌措施

防治江河、湖泊、港口以及水工建筑物受冰凌危害所采取的措施。世界各国在高寒地区的河流都有冰凌危害，但冰凌危害有不同的种类，需要采取不同的防治措施：

①冰凌冻结江河、湖泊、港口，影响航运交通，可采用破冰船破冰，或在港岸和船闸附近采用空气筛等防冻措施；

②冰凌冻结水力发电厂的引水渠，或阻塞拦污栅，影响发电出力，可设法抬高渠道中水位，促使形成冰盖，防止水内冰产生的措施；

③冰凌冻结各种泄水建筑物的闸门，影响启闭运用，一般采用加热或其他防冻措施；

④冰凌撞击建筑物，如桥墩、闸墩、整治河道的丁坝等，多采用局部加固或破碎大块流冰等措施；

⑤冰盖膨胀时，会产生很大的膨胀力，增加建筑物的荷载，应在设计建筑物时考虑，也可在建筑物临水面设置表底水流交换器防冻，或按放圆浮筒减少冰压力的传递等措施。

1949年以后，在黄河防凌的实践中，积累了一定的经验，随着对凌汛成因的进一步认识，防凌措施也相应地有所改进。基本上经历了以下两个阶段：

①初期认为凌汛是由于冰凌的存在而发生的，冰凌是产生凌汛的主导因素，因而以破冰的方法来防治。采取过的措施有打冰、撒土、破冰船、炸药爆破、炮弹轰冰、飞机投弹炸冰等。并且总结了破冰的经验：即首先注意掌握冰情预报，选择破冰时机，以在快开河时破冰最为有效。早破遇气温下降又复冻结；晚破则失去破冰机会。当河道长，冰量大时，还要选择可能形成冰坝的重要河段，如浅滩、急弯、堤距狭窄等处破冰。



②在实践中，认识到，河内的冰凌，如果没有水流作动力，冰凌静止不动，不能形成冰凌危害。

所以水流应该是形成冰凌危害的关键。如果控制水量，不使凌峰形成，可以避免冰坝的产生。即使发生堵塞，由于来水量有所控制，可限制洪水位的升高，防止危害。故在1960年三门峡水库和1968年刘家峡水库建成运用后，黄河上、下游的防凌措施，便由破冰为主发展到以调节水量为主、破冰为辅的阶段。调节凌汛期河道水量的主要措施有：水库调节，利用两岸涵闸分水，分洪区滞蓄，展宽堤距等项措施。随着江河的梯级开发，有足够大的水库库容，逐段拦蓄冰水，调节河道水流、温度，可以从根本上解决冰凌危害。

## 沙尘暴

沙尘暴天气主要发生在春末夏初季节，这是由于冬春季干旱区降水甚少，地表异常干燥松散，抗风蚀能力很弱，在有大风刮过时，就会将大量沙尘卷入空中，形成沙尘暴天气。

肆虐的沙尘暴

从全球范围来看，沙尘暴天气多发生在内陆沙漠地区，源地主要有非洲的撒哈拉沙漠，北美中西部和澳大利亚也是沙尘暴天气的源地之一。1933～1937年由于严重干旱，在北美中西部就产生过著名的碗状沙尘暴。亚洲沙尘暴活动中心主要在约旦沙漠、巴格达与海湾北部沿岸之间的下美索不达米亚、阿巴斯附近的伊朗南部海滨，稗路支到阿富汗北部的平原地带。前苏联的中亚地区哈萨克斯坦、乌兹别克斯坦及土库曼斯坦都是沙尘暴频繁（≥15/年）影响区，但其中心在里海与咸海之间沙质平原及阿姆河一带。



我国西北地区由于独特的地理环境，也是沙尘暴频繁发生的地区，主要源地有古尔班通古特沙漠、塔克拉玛干沙漠、巴丹吉林沙漠、腾格里沙漠、乌兰布和沙漠和毛乌素沙漠等。

从1999年到2002年春季，我国境内共发生53次（1999年9次，2000年14次，2001年18次，2002年12次）沙尘天气，其中有33次起源于蒙古国中南部戈壁地区，换句话说，就是每年肆虐我国的沙尘，约有6成来自境外。中国气象局专家说，2002年春季我国北方共出现了12次沙尘天气过程，具有出现时段集中、发生强度大、影响范围广等3个特点。影响我国的沙尘天气源地，可分为境外和境内两种。

### 沙尘暴天气成因

1. 沙尘暴缘起土壤风蚀

通过实验，专家们发现，土壤风蚀是沙尘暴发生发展的首要环节。风是土壤最直接的动力，其中气流性质、风速大小、土壤风蚀过程中风力作

用的相关条件等是最重要的因素。另外土壤含水量也是影响土壤风蚀的重要原因之一。植物措施是防治沙尘暴的有效方法之一。专家认为植物通常以 3 种形式来影响风蚀：分散地面上一定的风动量，减少气流与沙尘之间的传递；阻止土壤、沙尘等的运动。

此外，沙尘暴发生不仅是特定自然环境条件下的产物，而且与人类活动有对应关系。人为过度放牧、滥伐森林植被，工矿交通建设尤其是人为过度垦荒破坏地面植被，扰动地面结构，形成大面积沙漠化土地，直接加速了沙尘暴的形成和发育。

2. 沙尘暴的元凶：大气环流

北京春天里发生沙尘暴的短暂一幕，只不过是中国北方连绵约 30 万平方千米的黄土高原在二三百万年中每年都要经历的天气过程，所不同的是，后者的风力更强，刮风的时间更长（可以持续几天），沙尘的来源并不是 50 米开外的十字路口，而是上百千米以外的沙漠和戈壁。



就如同上帝在玩一个匪夷所思的游戏：他把中国西北部和中亚地区沙漠和戈壁表面的沙尘抓起来往东南方向抛去，任凭沙尘落下的地方渐渐堆积起一块高地。这个游戏从大约 240 万年以前就开始了，上帝至今乐此不疲（2002 年《自然》杂志发表了中国学者的最新研究成果，把其开始的时间推到了 2200 万年前）。

事实上，风就是上帝抛沙的那只手。

印度板块向北移动与亚欧板块碰撞之后，印度大陆的地壳插入亚洲大陆的地壳之下，并把后者顶托起来。从而喜马拉雅地区的浅海消失了，喜马拉雅山开始形成并渐升渐高，青藏高原也被印度板块的挤压作用隆升起来。这个过程持续 6000 多万年以后，到了距今大约 240 万年前，青藏高原已有 2000 多米高了。

地表形态的巨大变化直接改变了大气环流的格局。在此之前，中国大陆的东边是太平洋，北边的西伯利亚地区和南边喜马拉雅地区分别被浅海占据着，西边的地中海在当时也远远伸入亚洲中部，所以平坦的中国大陆大部分都能得到充足的海洋暖湿气流的滋润，气候温暖而潮湿。中国西北部和中亚内陆大部分为亚热带地区，并没有出现大范围的沙漠和戈壁。

然而东西走向的喜马拉雅山挡住了印度洋暖湿气团的向北移动，久而久之，中国的西北部地区越来越干旱，渐渐形成了大面积的沙漠和戈壁。这里就是堆积起了黄土高原的那些沙尘的发源地。体积巨大的青藏高原正好耸立在北半球的西风带中，240 万年以来，它的高度不断增长着。青藏高原的宽度约占西风带的 1/3，把西风带的近地面层分为南北两支。南支沿喜马拉雅山南侧向东流动，北支从青藏高原的东北边缘开始向东流动，这支高空气流常年存在于 3500 ~ 7000 米的高空，成为搬运沙尘的主要动力。与此同时，由于青藏高原隆起，东亚季风也被加强了，从西北吹向东南的冬季风与西风急流一起，在中国北方制造了一个黄土高原。

在中国西北部和中亚内陆的沙漠和戈壁上，由于气温的冷热剧变，这里的岩石比别处能更快地崩裂瓦解，成为碎屑，地质学家按直径大小依次把它们分成：砾（大于 2 毫米），沙（0.02 ~ 0.05 毫米），粉沙（0.05 ~ 0.005 毫米），黏土（小于 0.005 毫米）。黏土和粉沙颗粒，能被带到 3500 米以上的高空，进入西风带，被西风急流向东南方向搬运，直至黄河中下游一带才逐渐飘落下来。



二三百万年以来，亚洲的这片地区从西北向东南搬运沙土的过程从来没有停止过，沙土大量下落的地区正好是黄土高原所在的地区，连五台山、太行山等华北许多山的顶上都有黄土堆积。当然，中国北部包括黄河在内的几条大河以及数不清的沟谷对地表的冲刷作用与黄土的堆积作用正好相反，否则的话，黄土高原一定不会是现在这样，厚度不超过 409.93 米。太行山以东的华北平原也是沙土的沉降区，但是这里是一个不断下沉的区域，同时又发育了众多河流，所以落下来的沙子要么被河流冲走，要么就被河流所带来的泥沙埋葬了。

中国古籍里有上百处关于“雨土”、“雨黄土”、“雨黄沙”、“雨霾”的记录，最早的“雨土”记录可以追溯到公元前 1150 年：天空黄雾四塞，沙土从天而降如雨。这里记录的其实就是沙尘暴。

雨土的地点主要在黄土高原及其附近。古人把这类事情看成是奇异的灾变现象，相信这是“天人感应”的一种征兆。晋代张华编的博物志中就记有：“夏桀之时，为长夜宫于深谷之中，男女杂处，十旬不出听政，天乃

大风扬沙，一夕填此空谷。”

1966 年～1999 年间，发生在我国的持续两天以上的沙尘暴竟达 60 次。中科院刘东生院士认为，黄土高原应该说是沙尘暴的一个实验室，这个实验室积累了过去几百万年以来沙尘暴的记录。中国西北部沙漠和戈壁的风沙漫天漫地洒过来，每年都要在黄土高原上留下一层薄薄的黄土。

**沙尘暴天气的危害**

沙尘暴的危害一是大风，二是沙尘。其影响主要表现在以下几个方面：

1. 风蚀土壤，破坏植被，掩埋农田

2. 污染空气

国家环保总局的监测网显示，2002 年强沙尘暴当天，北京每平方米的落尘量达到了 20 克，总悬浮颗粒物达到了每立方米 11000 微克，超过了国家标准的十几倍，超过正常值的 100 倍。

沙尘暴天气的危害

3. 影响交通

沙尘暴对交通的影响主要表现为，一是降低能见度影响行车和飞机起降，如韩国 2002 年有 7 个机场被迫关闭，3 月 21 日约有 70 个航班被迫取消。二是沙尘掩埋路基，阻碍交通。据《华商报》报道，由于沙尘暴掩埋了部分铁路，造成乌鲁木齐开往西安的列车中途遇阻。

4. 影响精密仪器使用和生产

5. 危害人体健康

沙尘暴引起的健康损害是多方面的，皮肤、眼、鼻和肺是最先接触沙尘的部位，受害最重。皮肤、眼、鼻、喉等直接接触部位的损害主要是刺激症状和过敏反应，而肺部表现则更为严重和广泛。7 年前美国健康学家首先提出，细微污染颗粒与肺病和心脏病死亡之间存在关系。澳大利亚《时代报》称由于土壤被风蚀而引起的沙尘暴是导致该国 200 万人哮喘的元凶。

6. 引起天气和气候变化

沙尘暴影响的范围不仅涉及到我国有些省份，而且影响到了韩国和日本；1998 年 9 月起源于哈萨克斯坦的一次沙尘暴，经过我国北部广大地区，并将大量沙尘通过高空输送到北美洲；2001 年 4 月起源于蒙古的强沙尘暴掠过了太平洋和美国大陆，最终消散在大西洋上空。如此大范围的沙尘，在高空形成悬浮颗粒，足以影响天气和气候。因为悬浮颗粒能够反射太阳辐射从而降低大气温度。随着悬浮颗粒大幅度削弱太阳辐射（约 10%）地球水循环的速度可能会变慢，降水量减少；悬浮颗粒还可抑制云的形成，使云的降水率降低，减少地球的水资源。可见，沙尘可能会使干旱加剧。

7. 生态环境的恶化



出现沙尘暴天气时狂风裹的沙石、浮尘到处弥漫，凡是经过地区空气浑浊，呛鼻迷眼，呼吸道等疾病人数增加。如 1993 年 5 月 5 日发生在金昌市的强沙尘暴天气，监测到的室外空气含尘量为 1016 毫米/立方厘米，室内为 80 毫米/立方厘米，超过国家规定的生活区内空气含尘量标准的 40 倍。

再看看下面的这些统计数据，让我们意识到防治沙尘暴的紧迫性：

全国有 1500 千米铁路、3 万千米公路和 5 万千米灌渠由于风沙危害造成不同程度的破坏。

近几年来，我国每年因风沙危害造成的直接经济损失达 540 亿元，相当于西北 5 省区 1996 年财政收入的 3 倍。

科学家们做过推算，在一块草地上，刮走 18 厘米厚的表土，约需 2000 多年的时间；如在玉米耕作地上，刮走同样数量的表土需 49 年；而在裸露地上，则只需 18 年时间。

常年四五月份正是我国北方沙尘暴高发期，请您密切关注天气预报，提前做好预防沙尘暴的准备。

**沙尘暴防灾应急**

及时关闭门窗，必要时可用胶条对门窗进行密封。

外出时要戴口罩，用纱巾蒙住头，以免沙尘侵害眼睛和呼吸道而造成

损伤。应特别注意交通安全。

机动车和非机动车应减速慢行，密切注意路况，谨慎驾驶。

妥善安置易受沙尘暴损坏的室外物品。

发生强沙尘暴天气时不宜出门，尤其是老人、儿童及患有呼吸道过敏性疾病的人。

平时要做好防风防沙的各项准备。

## 干热风

干热风亦称“干旱风”、“热干风”，习称“火南风”或“火风”。农业气象灾害之一。出现在温暖季节导致小麦乳熟期受害秕粒的一种干而热的风。



干热风时，温度显著升高，湿度显著下降，并伴有一定风力，蒸腾加剧，根系吸水不及，往往导致小麦灌浆不足，秕粒严重甚至枯萎死亡。我国的华北、西北和黄淮地区春末夏初期间都有出现。一般分为高温低湿和雨后热枯两种类型，均以高温危害为主。

### 成　因

由于各地自然特点不同，干热风成因也不同。每年初夏，我国内陆地区气候炎热，雨水稀少，增温强烈，气压迅速降低，形成一个势力很强的大陆热低压。在这个热低压周围，气压梯度随着气团温度的增加而加大，于是干热的气流就围着热低压旋转起来，形成一股又干又热的风，这就是干热风。强烈的干热风，对当地小麦、棉花、瓜果可造成危害。

气候干燥的蒙古和我国河套以西与新疆、甘肃一带，是经常产生大陆热低压的地区。热低压离开源地后，沿途经过干热的戈壁沙漠，会变得更加干热，干热风也变得更强盛。位于欧亚大陆中心的塔里木盆地，气候极端干旱，强烈冷锋越过天山，帕米尔高原后产生的“焚风”，往往引起本地区大范围的干热风发生。

在黄淮平原，干热风形成的主要原因是以该区域的大气干旱为基础。

春末夏初，正是北半球太阳直射角最大的季节，同时又是我国北方雨季来临前天气晴朗、少雨的时期。在干燥气团控制下，这里天晴、干燥、风多，地面增温快（平均最高气温可达25℃～30℃），凝云致雨的机会少，容易形成干热风。这种干热风，对这一带小麦后期的生长发育不利。在胶东半岛北部，由于受中部山地的影响，再加上夏季刮东南风，那里便成为了背风坡，夏季同样有干热风出现。虽然沿海，但是夏季气温比同纬度的其他沿海地区高很多，降水也较少。

在江淮流域，干热风是在太平洋副热带高压西部的西南气流影响下产生的。太平洋副热带高压是一个深厚的暖性高压系统，自地面到高空都是由暖空气组成的。春夏之际，这个高气压停留在江淮流域上空，以后逐渐向北移动。由于在高压区内，风向是顺时针方向吹的，所以在副热带高压的西部，就吹西南风。位于副热带高压偏北部和西部地区，受这股西南风的影响，产生干热风天气。初夏时，北方仍有冷高压不断南下，势力减弱，发生变性；当它与副热带高压合并时，势力又得到加强，使晴好天气继续维持，干热风就更加明显。



在长江中下游平原，梅雨结束后天气晴朗干燥，偏南干热风往往伴随“伏旱”同时出现，对双季早稻（或中稻）抽穗扬花不利。

每年5月中、下旬至6月上、中旬，东亚大槽强度已明显减弱，主体东移。但在东经120度附近尚有小槽，中亚的高脊继续维持。同时，由于青藏高原的存在，地形对西风气流的摩擦作用，在其东部的陕、晋、豫交界一带的低空，形成一个反气旋环流。在这个反气旋环流南、北两侧各有一个锋区，对应于地面常有两条锋带，一条在北纬40度以北的内蒙古东北，另一条在华南。黄淮海地区处在高空槽后脊前的西北气流控制中，低空和地面处在两条锋带之间的反气旋区内，天气晴朗，气温高，空气干燥，有利于干热风天气的形成和加剧

**防御措施**

营造防护林带，搞好农田水利建设以便灌溉（浇灌、喷灌）以及施用化学药剂等。

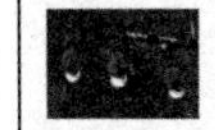

1. 适时浇足灌浆水

灌浆水一般在小麦灌浆初期（麦收前2～3周）浇。如小麦生长前期天气干旱少雨，则应早浇浆水。

2. 酌情浇好麦黄水

对高肥水麦田，浇麦黄水易引起减产。所以，对这类麦田只要在小麦灌浆期没下透雨，就应在小雨后把水浇足，以免再浇麦黄水。对保水力差的地块，当土壤缺水时，可在麦收前8～10天浇一次麦黄水。根据气象预报，如果浇后2～3天内，可能有5级以上大风时，则不要进行浇水。

3. 喷磷酸二氢钾

为了提高麦秆内磷钾含量，增强抗御干热风的能力，可在小麦孕穗、抽穗和扬花期，各喷一次0.2%～0.4%的磷酸二氢钾溶液。每次每1/15公顷喷50～75千克。但要注意，该溶液不能与碱性化学药剂混合使用。



4. 喷施硼、锌肥

为加速小麦后期发育，增强其抗逆性和结实，可在50～60千克水中，加入100克硼砂，在小麦扬花期喷施。或在小麦灌浆时，每1/15公顷喷施50～75千克0.2%的硫酸锌溶液，可明显增强小麦的抗逆性，提高灌浆速度和籽粒饱满度。

5. 喷施萘乙酸

在小麦开花期和灌浆期，喷施20PPM浓度的萘乙酸，可增强小麦抗干热风能力。

6. 喷氯化钙溶液

在小麦开花和灌浆期，可喷施浓度为0.1%的氯化钙溶液，每亩用液量为50～75千克。

7. 喷洒食醋、醋酸溶液

用食醋300克或醋酸50克，加水40～50千克，可喷洒1/15公顷小麦。宜在孕穗和灌浆初期各喷洒1次，对干热风有很好的预防作用。

## 台　风

台风（或飓风）是产生于热带洋面上的一种强烈热带气旋。只是随着发生地点不同，叫法不同。印度洋和在北太平洋西部、国际日期变更线以西，包括南中国海范围内发生的热带气旋称为“台风”；而在大西洋或北太平洋东部的热带气旋则称“飓风”。也就是说，台风在欧洲、北美一带称“飓风”，在东亚、东南亚一带称为“台风”；在孟加拉湾地区被称作“气旋性风暴”；在南半球则称“气旋”。

根据近几年来台风发生的有关资料表明，台风发生的规律及其特点主要有以下几点：一是有季节性。台风（包括热带风暴）一般发生在夏秋之间，最早发生在5月初，最迟发生在11月。经过时常伴随着大风和暴雨或特大暴雨等强对流天气。风向在北半球地区呈逆时针方向旋转（在南半球则为顺时针方向）。在气象图上，台风的等压线和等温线近似为一组同心圆。台风中心为低压中心，以气流的垂直运动为主，风平浪静，天气晴朗；台风眼附近为漩涡风雨区，风大雨大。

台风过后的场景



有史以来强度最高、中心附近气压值最低的台风，是超强台风泰培（英语：Typhoon Tip，台湾译名：狄普），日本1979年的大范围洪灾就是由这个台风造成的泰培与美国地图的大小比较。

## 台风是怎样形成的

热带海面受太阳直射而使海水温度升高，海水蒸发成水汽升空，而周围的较冷空气流入补充，然后再上升，如此循环，终必使整个气流不断扩大而形成“风”。由于海面之广阔，气流循环不断加大直径乃至有数千米。由于地球由西向东高速自转，致使气流柱和地球表面产生摩擦，由于越接近赤道摩擦力越强，这就引导气流柱逆时针旋转，（南半球系顺时针旋转）由于地球自转的速度快而气流柱跟不上地球自转的速度而形成感觉上的西

行，这就形成我们现在说的台风和台风路径。台风的中心就在我们目前看到的风向成丁字形的位置，根据风向和风速就不难判断出台风中心的距离和走向了。

在海洋面温度超过26℃以上的热带或副热带海洋上，由于近洋面气温高，大量空气膨胀上升，使近洋面气压降低，外围空气源源不断地补充流入上升去。受地转偏向力的影响，流入的空气旋转起来。而上升空气膨胀变冷，其中的水汽冷却凝结形成水滴时，要放出热量，又促使低层空气不断上升。这样近洋面气压下降得更低，空气旋转得更加猛烈，最后形成了台风。

台风结构台风结构从台风结构看到，如此巨大的庞然大物，其产生必须具备特有的条件。



（1）要有广阔的高温、高湿的大气。热带洋面上的底层大气的温度和湿度主要决定于海面水温，台风只能形成于海温高于26℃～27℃的暖洋面上，而且在60米深度内的海水水温都要高于26℃～27℃；

（2）要有低层大气向中心辐合、高层向外扩散的初始扰动。而且高层辐散必须超过低层辐合，才能维持足够的上升气流，低层扰动才能不断加强；

（3）垂直方向风速不能相差太大，上下层空气相对运动很小，才能使初始扰动中水汽凝结所释放的潜热能集中保存在台风眼区的空气柱中，形成并加强台风暖中心结构；

（4）要有足够大的地转偏向力作用，地球自转作用有利于气旋性涡旋的生成。地转偏向力在赤道附近接近于零，向南北两极增大，台风基本发生在大约离赤道5个纬度以上的洋面上。

**可怕——台风的灾害**

台风是一种破坏力很强的灾害性天气系统，但有时也能起到消除干旱的有益作用。其危害性主要有3个方面：

（1）大风。台风中心附近最大风力一般为8级以上。

（2）暴雨。台风是最强的暴雨天气系统之一，在台风经过的地区，一般能产生150毫米~300毫米降雨，少数台风能产生1000毫米以上的特大暴雨。1975年第3号台风在淮河上游产生的特大暴雨，创造了中国大陆地区暴雨极值，形成了河南“75.8”大洪水。

(3) 风暴潮。一般台风能使沿岸海水产生增水，江苏省沿海最大增水可达3米。“9608”和“9711”号台风增水，使江苏省沿江沿海出现超历史的高潮位。

## 龙卷风

龙卷风是一种强烈的、小范围的空气涡旋，是在极不稳定天气下由空气强烈对流运动而产生的，由雷暴云底伸展至地面的漏斗状云（龙卷）产生的强烈的旋风，其风力可达12级以上，最大可达100米每秒以上，一般伴有雷雨，有时也伴有冰雹。



空气绕龙卷的轴快速旋转，受龙卷中心气压极度减小的吸引，近地面几十米厚的一薄层空气内，气流被从四面八方吸入涡旋的底部。并随即变为绕轴心向上的涡流。龙卷中的风总是气旋性的，其中心的气压可以比周围气压低10%。

龙卷风是一种伴随着高速旋转的漏斗状云柱的强风涡旋，其中心附近风速可达100米/秒~200米/秒，最大300米/秒，比台风（产生于海上）近中心最大风速大好几倍。中心气压很低，一般可低至400hPa（百帕，气压单位），最低可达200hPa。它具有很大的吸吮作用，可把海（湖）水吸离海（湖）面，形成水柱，然后同云相接，俗称“龙取水”。由于龙卷风内部空气极为稀薄，导致温度急剧降低，促使水汽迅

狂猛的龙卷风

速凝结，这是形成漏斗云柱的重要原因。漏斗云柱的直径，平均只有 250 米左右。龙卷风产生于强烈不稳定的积雨云中。它的形成与暖湿空气强烈上升、冷空气南下、地形作用等有关。它的生命史短暂，一般维持十几分钟到一两小时，但其破坏力惊人，能把大树连根拔起，建筑物吹倒，或把部分地面物卷至空中。江苏省每年几乎都有龙卷风发生，但发生的地点没有明显规律。出现的时间，一般在六七月间，有时也发生在 8 月上、中旬。

**龙卷风是怎样形成的**

龙卷风这种自然现象是云层中雷暴的产物。具体地说，龙卷风就是雷暴巨大能量中的一小部分在很小的区域内集中释放的一种形式。龙卷风的形成可以分为 4 个阶段：

1. 大气的不稳定性产生强烈的上升气流，由于急流中的最大过境气流的影响，它被进一步加强。

2. 由于与在垂直方向上速度和方向均有切变的风相互作用，上升气流在对流层的中部开始旋转，形成中尺度气旋。

3. 随着中尺度气旋向地面发展和向上伸展，它本身变细并增强。同时，一个小面积的增强辅合，即初生的龙卷在气旋内部形成，产生气旋的同样过程，形成龙卷核心。

4. 龙卷核心中的旋转与气旋中的不同，它的强度足以使龙卷一直伸展到地面。当发展的涡旋到达地面高度时，地面气压急剧下降，地面风速急剧上升，形成龙卷。

龙卷风常发生于夏季的雷雨天气时，尤以下午至傍晚最为多见。袭击范围小，龙卷风的直径一般在十几米到数百米之间。龙卷风的生存时间一般只有几分钟，最长也不超过数小时。风力特别大，在中心附近的风速可达 100 ~ 200 米/秒。破坏力极强，龙卷风经过的地方，常会发生拔起大树、掀翻车辆、摧毁建筑物等现象，有时把人吸走，危害十分严重。

**龙卷风的危害**

龙卷风常发生于夏季的雷雨天气时，尤以下午至傍晚最为多见。袭击范围小，龙卷风的直径一般在十几米到数百米之间。龙卷风的生存时间一般只有几分钟，最长也不超过数小时。风力特别大。破坏力极强，龙卷风经过的地方，常会发生拔起大树、掀翻车辆、摧毁建筑物等现象，有时把人吸走，危害十分严重。

1995 年在美国俄克拉何马州阿得莫尔市发生的一场陆龙卷，诸如屋顶之类的重物被吹出几十千米之远。大多数碎片落在陆龙卷通道的左侧，按重量不等常常有很明确的降落地带。较轻的碎片可能会飞到 300 多千米外才落地。

在强烈龙卷风的袭击下，房子屋顶会像滑翔翼般飞起来。一旦屋顶被卷走后，房子的其他部分也会跟着崩解。因此，建筑房屋时，如果能加强房顶的稳固性，将有助于防止龙卷风过境时造成巨大损失。



龙卷的袭击突然而猛烈，产生的风是地面上最强的。在美国，龙卷风每年造成的死亡人数仅次于雷电。它对建筑的破坏也相当严重，经常是毁灭性的。

在 1999 年 5 月 27 日，美国得克萨斯州中部，包括首府奥斯汀在内的 4 个县遭受特大龙卷风袭击，造成至少 32 人死亡，数十人受伤。据报道，在离奥斯汀市北部 40 千米的贾雷尔镇，有 50 多所房屋倒塌，已有 30 多人在龙卷风丧生。遭到破坏的地区长达 1 千米，宽 200 码（1 码≈0. 92 米）。这是继 5 月 13 日迈阿密市遭龙卷风袭击之后，美国又一遭受龙卷风的地区。

一般情况下，龙卷风是一种气旋。它在接触地面时，直径在几米到 1 千米不等，平均在几百米。龙卷风影响范围从数米到几十上百千米，所到之处万物遭劫。龙卷风漏斗状中心由吸起的尘土和凝聚的水气组成可见的“龙嘴”。在海洋上，尤其是在热带，类似的景象发生称为海上龙卷风。

大多数龙卷风在北半球是逆时针旋转，在南半球是顺时针，也有例外情况。龙卷风形成的确切机理仍在研究中，一般认为是与大气的剧烈活动有关。

从 19 世纪以来，天气预报的准确性大大提高，气象雷达能够监测到龙卷风、飓风等各种灾害风暴。

龙卷风通常是极其快速的，每秒钟 100 米的风速不足为奇，甚至达到每

秒钟175米以上，比12级台风还要大五六倍。风的范围很小，一般直径只有25～100米，只在极少数的情况下直径才达到1千米以上；从发生到消失只有几分种，最多几个小时。

龙卷风的力气也是很大的。1956年9有24日上海曾发生过一次龙卷风，它轻而易举地把一个22万斤（1斤=500克）重的大储油桶“举”到15米高的高空，再甩到120米以外的地方。

1879年5月30日下午4时，在堪萨斯州北方的上空有两块又黑又浓的乌云合并在一起。15分钟后在云层下端产生了旋涡。旋涡迅速增长，变成一根顶天立地的巨大风柱，在3个小时内像一条孽龙似的在整个州内胡作非为，所到之处无一幸免。但是，最奇怪的事是发生在刚开始的时候，龙卷风旋涡横过一条小河，遇上了一座峭壁，显然是无法超过这个障碍物，旋涡便折抽西进，那边恰巧有一座新造的75米长的铁路桥。龙卷风旋涡竟将它从石桥墩上“拔”起，把它扭了几扭然后抛到水中。



1626年5月30日（明熹宗天启六年五月初六）上午9时许，北京城内王恭厂（今北京市宣武门一带）周围突然爆发了一场奇异的灾变，明代有重要史料价值的官方新闻通讯刊物《天变邸抄》对此灾有详尽的记载，摘录如下：“蓟州城东角震坍，坏屋数百间，是州离京一百八十里。初十日，地中掘出二人，尚活。问之，云：‘如醉梦’。又掘出一老儿，亦活。”在王恭厂奇灾中，是什么力量能使3个人从北京到蓟州飞行飘达180里皆落地不死？是什么力量能极快地剥去人衣送到几百里外而又能不伤人？为什么被脱衣者竟不知自己的衣服是如何被脱光的呢？这其中一定有某种必然性因素在起作用，然而这种必然性因素今后能被人类所认识吗？这种神奇的力量今后能被人类所掌握、控制和利用吗？这些疑问都有待我们去探究。

**龙卷风天气的防范措施**

1. 在家时，务必远离门、窗和房屋的外围墙壁，躲到与龙卷风方向相反的墙壁或小房间内抱头蹲下。躲避龙卷风最安全的地方是地下室或半地下室。

2. 在电杆倒、房屋塌的紧急情况下，应及时切断电源，以防止电击人

体或引起火灾。

3. 在野外遇龙卷风时，应就近寻找低洼地伏于地面，但要远离大树、电杆，以免被砸、被压和触电。

4. 汽车外出遇到龙卷风时，千万不能开车躲避，也不要在汽车中躲避，因为汽车对龙卷风几乎没有防御能力，应立即离开汽车，到低洼地躲避。

## 冰 雹



冰雹也叫“雹”，俗称雹子，有的地区叫“冷子”，夏季或春夏之交最为常见。它是一些小如绿豆、黄豆，大似栗子、鸡蛋的冰粒。我国除广东、湖南、湖北、福建、江西等省冰雹较少外，各地每年都会受到不同程度的雹灾。尤其是北方的山区及丘陵地区，地形复杂，天气多变，冰雹多，受害重，对农业危害很大。猛烈的冰雹打毁庄稼，损坏房屋，人被砸伤、牲畜被砸死的情况也常常发生；特大的冰雹甚至能比柚子还大，会致人死亡、毁坏大片农田和树木、摧毁建筑物和车辆等。具有强大的杀伤力。

冰雹过后

冰雹灾害是由强对流天气系统引起的一种剧烈的气象灾害，它出现的范围虽然较小，时间也比较短促，但来势猛、强度大，并常常伴随着狂风、强降水、急剧降温等阵发性灾害性天气过程。中国是冰雹灾害频繁发生的国家，冰雹每年都给农业、建筑、通讯、电力、交通以及人民生命财产带来巨大损失。据有关资料统计，我国每年因冰雹所造成的经济损失达几亿元甚至几十亿元。因此，我们很有必要了解冰雹灾害时空动荡格局以及冰雹灾害所造成的损失情况，从而更好地防治冰雹灾害，减少经济损失。

## 冰雹的形成

冰雹和雨、雪一样都是从云里掉下来的。不过下冰雹的云是一种发展十分强盛的积雨云，而且只有发展特别旺盛的积雨云才可能降冰雹。

积雨云和各种云一样都是由地面附近空气上升凝结形成的。空气从地面上升，在上升过程中气压降低，体积膨胀，如果上升空气与周围没有热量交换，由于膨胀消耗能量，空气温度就要降低，这种温度变化称为绝热冷却。根据计算，在大气中空气每上升100米，因绝热变化会使温度降低1度左右。我们知道在一定温度下，空气中容纳水汽有一个限度，达到这个限度就称为“饱和”，温度降低后，空气中可能容纳的水汽量就要降低。因此，原来没有饱和的空气在上升运动中由于绝热冷却可能达到饱和，空气达到饱和之后过剩的水汽便附着在飘浮于空中的凝结核上，形成水滴。当温度低于零摄氏度时，过剩的水汽便会凝华成细小的冰晶。这些水滴和冰晶聚集在一起，飘浮于空中便成了云。



大气中有各种不同形式的空气运动，形成了不同形态的云。因对流运动而形成的云有淡积云、浓积云和积雨云等。人们把它们统称为积状云。它们都是一块块孤立向上发展的云块，因为在对流运动中有上升运动和下沉运动，往往在上升气流区形成了云块，而在下沉气流区就成了云的间隙，有时可见蓝天。

积状云因对流强弱不同出一辙形成各种不同云状，它们的云体大小悬殊很大。如果云内对流运动很弱，上升气流达不到凝结高度，就不会形成云，只有干对流。如果对流较强，可以发展形成浓积云，浓积云的顶部像椰菜，由许多轮廓清晰的凸起云泡构成，云厚可以达4~5千米。如果对流运动很猛烈，就可以形成积雨云，云底黑沉沉，云顶发展很高，可达10千米左右，云顶边缘变得模糊起来，云顶还常扩展开来，形成砧状。一般积雨云可能产生雷阵雨，而只有发展特别强盛的积雨云，云体十分高大，云中有强烈的上升气体，云内有充沛的水分，才会产生冰雹，这种云通常也称为冰雹云。

在冰雹云中冰雹又是怎样长成的呢？

在冰雹云中强烈的上升气流携带着许多大大小小的水滴和冰晶运动着，其中有一些水滴和冰晶并合冻结成较大的冰粒，这些粒子和过冷水滴被上升气流输送到含水量累积区，就可以成为冰雹核心，这些冰雹初始生长的核心在含水量累积区有着良好生长条件。雹核在上升气流携带下进入生长区后，在水量多、温度不太低的区域与过冷水滴碰并，长成一层透明的冰层，再向上进入水量较少的低温区，这里主要由冰晶、雪花和少量过冷水滴组成，雹核与它们黏并冻结就形成一个不透明的冰层。这时冰雹已长大，而那里的上升气流较弱，当它支托不住增长大了的冰雹时，冰雹便在上升气流里下落，在下落中不断地并合冰晶、雪花和水滴而继续生长，当它落到较高温度区时，碰并上去的过冷水滴便形成一个透明的冰层。这时如果落到另一股更强的上升气流区，那么冰雹又将再次上升，重复上述的生长过程。这样冰雹就一层透明一层不透明地增长；由于各次生长的时间、含水量和其他条件的差异，所以各层厚薄及其他特点也各有不同。最后，当上升气流支撑不住冰雹时，它就从云中落了下来，成为我们所看到的冰雹了。



**冰雹特征**

总的说来，冰雹有以下几个特征：

①局地性强，每次冰雹的影响范围一般宽约几十米到数千米，长约数百米到十多千米；

②历时短，一次狂风暴雨或降雹时间一般只有 2 ~ 10 分钟，少数在 30 分钟以上；

③受地形影响显著，地形越复杂，冰雹越易发生；

④年际变化大，在同一地区，有的年份连续发生多次，有的年份发生次数很少，甚至不发生；

⑤发生区域广，从亚热带到温带的广大气候区内均可发生，但以温带地区发生次数居多。

**冰雹分类**

根据一次降雹过程中，多数冰雹（一般冰雹）直径、降雹累计时间和

积雹厚度，将冰雹分为 3 级。

1. 轻雹：多数冰雹直径不超过 0.5 厘米，累计降雹时间不超过 10 分钟，地面积雹厚度不超过 2 厘米；

2. 中雹：多数冰雹直径 0.5 ~ 2.0 厘米，累计降雹时间 10 ~ 30 分钟，地面积雹厚度 2 ~ 5 厘米；

3. 重雹：多数冰雹直径 2.0 厘米以上，累计降雹时间 30 分钟以上，地面积雹厚度 5 厘米以上。

**冰雹防治**

1. 预报

20 世纪 80 年代以来，随着天气雷达、卫星云图接收、计算机和通信传输等先进设备在气象业务中大量使用，大大提高了对冰雹活动的跟踪监测能力。当地气象台（站）发现冰雹天气，立即向可能影响的气象台、站通报。各级气象部门将现代化的气象科学技术与长期积累的预报经验相结合，综合预报冰雹的发生、发展、强度、范围及危害，使预报准确率不断提高。为了尽可能提早将冰雹预警信息传送到各级政府领导和群众中去，各级气象部门通过各地电台、电视台、电话、微机服务终端和灾害性天气警报系统等媒体发布“警报”“紧急警报”，使社会各界和广大人民群众提前采取防御措施，避免和减轻了灾害损失，取得了明显的社会和经济效益。

2. 防治

我国是世界上人工防雹较早的国家之一。由于我国雹灾严重，所以防雹工作得到了政府的重视和支持。目前，已有许多省建立了长期试验点，并进行了严谨的试验，取得了不少有价值的科研成果。开展人工防雹，使其向人们期望的方向发展，达到减轻灾害的目的。目前常用的方法有：①用火箭、高炮或飞机直接把碘化银、碘化铅、干冰等催化剂送到云里去。②在地面上把碘化银、碘化铅、干冰等催化剂在积雨云形成以前送到自由大气里，让这些物质在雹云里起雹胚作用，使雹胚增多，冰雹变小。③在地面上向雹云放火箭打高炮，或在飞机上对雹云放火箭、投炸弹，以破坏对雹云的水分输送。④用火箭、高炮向暖云部分撒凝结核，使云形成降水，以减少云中的水分；在冷云部分撒冰核，以抑制雹胚增长。

3. 农业防雹措施

常用方法有：①在多雹地带，种植牧草和树木，增加森林面积，改善地貌环境，破坏雹云条件，达到减少雹灾目的；②增种抗雹和恢复能力强的农作物；③成熟的作物及时抢收；④多雹灾地区降雹季节，农民下地随身携带防雹工具，如竹篮、柳条筐等，以减少人身伤亡。

## 暴 雨

中国是多暴雨的国家，除西北个别省、区外，几乎都有暴雨出现。冬季暴雨局限在华南沿海，4～6月间，华南地区暴雨频频发生。6～7月间，长江中下游常有持续性暴雨出现，历时长、面积广、暴雨量也大。7～8月是北方各省的主要暴雨季节，暴雨强度很大。8～10月雨带又逐渐南撤。夏秋之后，东海和南海台风暴雨十分活跃，台风暴雨的点雨量往往很大。

暴 雨

我国属于季风气候，从晚春到盛夏，北方冷空气且战且退。冷暖空气频繁交汇，形成一场场暴雨。我国大陆上主要雨带位置亦随季节由南向北推移。华南（两广、闽、台）是我国暴雨出现最多的地区。从4～9月都是雨季。6月下半月到7月上半月，通常为长江流域的梅雨期暴雨。7月下旬雨带移至黄河以北，9月以后冬季风建立，雨带随之南撤。由于受夏季风的影响，我国暴雨日及雨量的分布从东南向西北内陆减少，山地多于平原。而且东南沿海岛屿与沿海地区暴雨日最多，越向西北越减少。在西北高原每年平均只有不到一天的暴雨。太行山、大别山、南岭、武夷山等东南面或东面的坡地，都是这些地区暴雨日的中心。当然，有些

年份会出现异常，1981 年在我国西北一些地区都出现了历史上少见的暴雨。有时候本来多雨的地区反而出现旱灾。

**暴雨的形成**

暴雨形成的过程是相当复杂的，一般从宏观物理条件来说，产生暴雨的主要物理条件是充足的源源不断的水汽、强盛而持久的气流上升运动和大气层结构的不稳定。大中小各种尺度的天气系统和下垫面特别是地形的有利组合可产生较大的暴雨。引起中国大范围暴雨的天气系统主要有锋、气旋、切变线、低涡、槽、台风、东风波和热带辐合带等。此外，在干旱与半干旱的局部地区热力性雷阵雨也可造成短历时、小面积的特大暴雨。

暴雨常常是从积雨云中落下的。形成积雨云的条件是大气中要含有充足的水汽，并有强烈的上升运动，把水汽迅速向上输送，云内的水滴受上升运动的影响不断增大，直到上升气流托不住时，就急剧地降落到地面。积雨云体积通常相当庞大，一块块的积雨云就是暴雨区中的降水单位，虽然每块单位水平范围只有 1～20 千米，但它们排列起来，可形成 100～200 千米宽的雨带。一团团的积雨云就像一座座的高山峻岭，强烈发展时，从离地面 0.4～1 千米高处一直伸展到 10 千米以上的高空。越往高空，温度越低，常达零下十几摄氏度，甚至更低，云上部的水滴就要结冰，人们在地面用肉眼看到云顶的丝缕状白带，正是高空的冰晶、雪花飞舞所致。地面上是大雨倾盆的夏日，高空却是白雪纷飞的严冬。

在我国，暴雨的水汽一是来自偏南方向的南海或孟加拉湾；二是来自偏东方向的东海或黄海。有时在一次暴雨天气过程中，水汽同时来自东、南两个方向，或者前期以偏南为主，后期又以偏东为主。我国中原地区流传“东南风，雨祖宗”，正是降水规律的客观反映。

大气的运动和流水一样，常产生波动或涡旋。当两股来自不同方向或不同的温度、湿度的气流相遇时，就会产生波动或涡旋。其大的达几千千米，小的只有几千米。在这些有波动的地区，常伴随气流运行出现上升运动，并产生水平方向的水汽迅速向同一地区集中的现象，形成暴雨中心。

另外，地形对暴雨形成和雨量大小也有影响。例如，由于山脉的存在，在迎风坡迫使气流上升，从而垂直运动加大，暴雨增大；而在山脉背风坡，气流下沉，雨量大大减小，有的背风坡的雨量仅是迎风坡的1/10。在1963年8月上旬，从南海有一股湿空气输送到华北，这股气流恰与太行山相交，受山脉抬升作用的影响，导致沿太行山东侧出现历史上罕见的特大暴雨。山谷的狭管作用也能使暴雨加强。1975年8月，河南的一次特大暴雨，其中心林庄，正处在南、北、西三面环山，而向东逐渐形成喇叭口地形之中，由于这样的地形，气流上升速度增大，雨量骤增，8月5～7日降水量达1600多毫米，而距林庄东南不到40千米地处平原区的驻马店，在同期内只有400多毫米。

另外，暴雨产生时，一般低层空气暖而湿，上层的空气干而冷，致使大气层处于极不稳定状态，有利于大气中能量释放，促使积雨云充分发展。



**暴雨的危害**

暴雨是指大气中降落到地面的水量每日达到50.1～100毫米的降雨，暴雨经常夹杂着大风。降雨量每日超过100毫米的为大暴雨，超过200毫米的为特大暴雨。暴雨来得快，雨势猛，尤其是大范围持续性暴雨和集中的特大暴雨，它不仅影响工农业生产，而且可能危害人民的生命，造成严重的经济损失。暴雨的危害主要有两种：

渍涝危害。由于暴雨急而大，排水不畅易引起积水成涝，土壤孔隙被水充满，造成陆生植物根系缺氧，使根系生理活动受到抑制，加强了嫌气过程，产生有毒物质，使作物受害而减产。

洪涝灾害。由暴雨引起的洪涝淹没作物，使作物新陈代谢难以正常进行而发生各种伤害，淹水越深，淹没时间越长，危害越严重。特大暴雨引起的山洪暴发、河流泛滥，不仅危害农作物、果树、林业和渔业，而且还冲毁农舍和工农业设施，甚至造成人畜伤亡，经济损失严重。我国历史上的洪涝灾害，几乎都是由暴雨引起的，像1954年7月长江流域大洪涝，1963年8月河北的洪水，1975年9月河南大涝灾，1998年我国全流域特大洪涝灾害等都是由暴雨引起的。

**暴雨危害的防护措施**

应急要点：

预防居民住房发生小内涝，可因地制宜，在家门口放置挡水板或堆砌土坎。

室外积水漫入室内时，应立即切断电源，防止积水带电伤人。

在户外积水中行走时，要注意观察，贴近建筑物行走，防止跌入窨井、地坑等。

驾驶员遇到路面或立交桥下积水过深时，应尽量绕行，避免强行通过。

专家提示：

不要将垃圾、杂物丢入马路下水道，以防堵塞，积水成灾。

家住平房的居民应在雨季来临之前检查房屋，维修房顶。

暴雨期间尽量不要外出，必须外出时应尽可能绕过积水严重的地段。

在山区旅游时，注意防范山洪。上游来水突然混浊、水位上涨较快时，须特别注意。

## 连阴雨

连阴雨一般指连续3~5天以上的连续阴雨天气现象，中间可以有短暂的日照时间，但不会有持续一天以上的晴天。

7天以上为长连阴雨。

连阴雨天气的日降水量可以是小雨、中雨，也可以是大雨或暴雨。

**连阴雨天气分类**

根据连阴雨发生的时间，凡出现在12~2月的连阴雨，称为冬季连阴雨；3~5月的连阴雨，称为春季连阴雨；6~8月的连阴雨，称为夏季连阴雨；9~11月出现的连阴雨称之为秋季连阴雨。由于春、秋季连阴雨发生在农事活动的关键时节，其影响、危害很大。

**连阴雨的危害**

连阴雨天气利弊均有。连阴雨天气如果发生在少雨干旱之后，在一定时期内对农业生产有利，能缓解旱象。但长连阴雨使得土壤过湿和空气长期潮湿，日照严重不足，常造成农作物生长发育不良，产量和质量遭受严重影响。其危害程度因发生的季节、持续的时间、气温高低和前期雨水的多少及农作物的种类、生育期等的不同而异。例如长江下游一带春季连阴雨，因光照不足，会发生三麦渍害和棉花烂种等现象。在收获季节出现连阴雨，能造成油菜、大小麦、水稻、花生等发芽霉烂，棉花烂铃僵瓣；红薯腐烂等。另外，由于连阴雨，湿度过大，还可引发某些农作物病虫害的发生及蔓延。南方地区春季、江淮地区秋季、华北平原春未夏初、华南地区的秋季等都常有连阴雨发生。1989 年 6 月上旬初至中旬初，华北平原大部地区出现连阴雨天气，使正在收割期间的小麦霉变、发芽，损失较大。长时期连阴雨不仅对农业生产造成严重危害，也极易引发地质灾害，且对水利、交通、建筑等露天生产企业也产生不利影响，另外，易引发人畜疾病流行，同时影响人们的日常生活。2002 年的 4 月 15 日至 5 月 15 日无锡出现了历史上罕见的连阴雨天气，雨日 24 天，对小麦的生长发育造成很大的影响，小麦赤霉病发生严重，籽粒不饱满，千粒重大幅度下降，并出现早衰枯死现象，当年小麦的产量和品质明显下降；由于持续月余的阴雨低温天气，医院病人也明显增多，部分供电线路发生故障，部分居民家中进水；由于降雨路面湿滑，引发各类交通事故 60 多起。



**连阴雨天气形成原因与区域**

中国初春或深秋时节接连几天甚至经月阴雨连绵、阳光寡照的寒冷天气，又称低温连阴雨。常年 2 ~ 4 月，华南至长江中下游地区先后进入早稻播种育秧季节。此时，冬季风尚有一定强度，冷空气活动比较频繁。当南下冷空气到达江南、华南时，尤其当从我国东部南下的北方冷空气主力和从热带海洋来的暖湿气流相遇时，常会在二者的交汇地带形成低温连阴雨天气，造成早稻的烂秧和死苗，对春播等农业生产造成危害。低温连阴雨

同春末发生于华南的前汛期降水和初夏发生于江淮流域的梅雨不同。后两者虽在现象上也可称连阴雨，但温度、湿度较高，雨量较大；而前者的主要特点是温度低、日照少、雨量并不大。秋季连阴雨如出现较早，也会影响晚稻等农作物的收成。

春季，中国南方的暖湿空气开始活跃，北方冷空气开始衰减，但仍有一定强度且活动频繁，冷暖空气交绥处（即锋）经常停滞或徘徊于长江和华南之间。在地面天气图上出现准静止锋，在700百帕等压面图上，出现东西向的切变线，它位于地面准静止锋的北侧。连阴雨天气就产生在地面锋和700百帕等压面上的切变线之间。当锋面和切变线的位置偏南时，连阴雨发生在华南；偏北时，就出现在长江和南岭之间的江南地区。秋季的连阴雨，发生在北方冷空气开始活跃、南方暖湿空气开始衰减、但仍有一定强度的形势下，其过程与春季相似，只是冷暖空气交绥的地区不同，因而连阴雨发生的地区也和春季有所不同。



**减少灾害的防御措施**

连阴雨天气是影响农作物稳产、高产的农业气象灾害之一。因此，必须做好防御工作。首先，应研究和掌握本地连阴雨天气发生及其危害的规律，搞好农作物及品种的布局和季节的安排，这是减轻或避免连阴雨天气危害的前提。其次，应根据各地的不同情况，分别采取相应的防御措施。①对南方早稻播种期间的连阴雨，除根据天气变化规律，在冷尾暖头抢晴播种，采用薄膜覆盖或温室育秧外，搞好秧田管理，调节秧田小气候是防御低温阴雨天气影响，培育壮秧的主要措施。②对长江中下游地区麦类、棉花等作物主要生育期内的连阴雨，要搞农田水利基本建设，排水畅通；低洼地区要作好水上整治，降低内河水位；沟渠配套，降低地下水位；提高栽培技术，改良土壤，推行中耕、培土等。注意收听天气预报，做好排渍和病虫防治工作。③对农田作物收获季节的连阴雨，应根据天气预报及时做好抢收抢晒工作。在条件许可的情况下，应配备必要的烘干设备，使雨天收的庄稼能及时烘干，避免发芽、霉烂遭受损失。

## 洪　水

从洪涝灾害的发生机制来看，洪涝具有明显的季节性、区域性和可重复性。如我国长江中下游地区的洪涝几乎全部都发生在夏季，并且成因也基本上相同。洪涝灾害具有双重属性，既有自然属性，又有社会经济经济属性。它的形成必须具备两方面条件：第一，自然条件：洪水是形成洪涝灾害的直接原因。只有当洪水自然变异强度达到一定标准，才可能出现灾害。主要影响因素有地理位置、气候条件和地形地势。第二，社会经济条件：只有当洪水发生在有人类活动的地方才能成灾。受洪水威胁最大的地区往往是江河中下游地区，而中下游地区因其水源丰富、土地平坦又常常是经济发达地区。在城市中，也常发生洪涝灾害。一到夏天，很多城市发生严重的洪涝灾害，原因有以下几点：

洪　水



1. 夏天雨水多。

2. 城市雨水比农村多。城市的“雨岛效应”（城市温度高，上升气流多，雨水多），城区的年降雨量比农村地区高5%～10%。

3. 城市地表覆盖多是隔水层，不透水。雨水多了后排不掉。

洪灾过后的场景

4. 虽然有下水道，但是“国外的下水道可以跑汽车”（不信，去看美国大片），我们的下水道只能藏老鼠。地上 21 世纪，地下 20 世纪 50 年代。城市规划建设重地上，重看得到的，重面子，轻地下，轻基础，轻底子。

5. 城市地势低，外来洪水容易入侵。城市往往建设在地势地平的地方，导致外来水量多，自然排水不易。

6. 城市预防及应对灾害能力不足，机械排水能力不足。

## 旱 灾

### 春 旱



北方地区，春季气温回升快，蒸发较强；夏季风弱，雨季未到，降水较少；春耕需水量大，但雨季未到，地下水位低；降水量较同纬度的地区低从地理原因解释，主要是因为有山阻隔，或者季风的背风坡，受“焚风效应”影响，降水较少。有的地区湾口效应使冬季风可以长驱直下。再次，巴尔喀什湖到贝加尔湖地区以及中国东北一带高度场较常年同期异常偏高，暖性高压脊在这一带的频繁出现和发展，主导环流系统为高压脊且长时间维持，是造成年春旱的主要原因；偏低的赤道东太平洋海温和太阳活动异常是造成春旱的间接原因。

龟裂的地面——旱灾现象

春旱会造成多种作物不能及时播种，普遍形成晚播晚发。有效积温相对减少，生长发育后延，成熟期推迟，普遍变成晚茬作物。长期干旱造成了农作物植株小、根系弱、叶片面积小，生物产量大幅度减少，直接影响经济产量。由于受害程度不同，农作物播种有早有晚，品种杂乱，长势不整齐，给管理造成困难。受害的农作物脆弱，抗逆能力差，管理措施效应慢，养分吸收慢，光合积累慢。

### 伏 旱

大体上从7月中旬到8月中旬。此时梅雨静止锋已于7月上旬推移到黄河中下游和东北地区，长江中下游地区被“副高”控制，形成反气旋天气，以下沉气流为主，日照长，太阳辐射很强，气温高，蒸发旺盛。农作物生长也快，农田需水量很大。但由于气团单一，除局部地区的雷阵雨外，无大片雨区，普遍出现干旱酷暑天气，故叫“伏旱”。这一季节长江中下游地区午后气温一般达33℃～35℃，个别地方有高达43℃～45℃的高温记录。一般在西太平洋副热带高压控制，且少台风活动时，容易出现严重干旱。主要发生在中国长江流域及江南地区特别是湖北、湖南、江西、江苏、安徽等省。在西太平洋副热带高压控制，且少台风活动时，容易出现严重干旱，降水量显著少于多年平均值的现象。大体上从7月中旬到8月中旬。(伏天从夏至后第3个庚日起，大约在每年7月12日之后的10天里。）伏旱不仅对农业生产有很大影响，同时还影响工矿业用水、生活用水和航运事业；也因干热缺水，引发疾病，危害人、畜健康。



### 秋 旱

秋旱是指每年8月至10月，无透雨（一次连续下雨的过程雨量<40毫米）连续时间≥30天为秋旱。无或≥40毫米降水，按各年最大一次连续30～39天为轻；40～49天为中等；≥50天为重。秋旱造成农作物生长需水不足，减少产量。

原因之一是少雨。我国北方秋季少雨，如果夏季也少雨，且容易形成夏秋连旱。华中、华南地区也可出现秋旱。华西秋季降水量年际变化大，有的年份没有明显秋雨，因而形成秋旱。江西造成秋旱的主要原因是连续4年降水偏少，致使水库蓄水不足，江河流量减少，地下水位下降和土壤缺墒，出现秋旱、暖冬天气，加之没有大范围有效降雨，致使旱情呈加重态势。原因之二是温度偏高。在这两个原因的综合作用下形成了比较严重的气象干旱，蒸发严重。长沙出现连续60多天的秋旱，江河水位持续下降，主要原因是降雨偏少、上游来水不足等。

秋旱灾害，轻者作物减产；重则河湖干涸，井泉枯竭，田土龟裂，禾稼槁死，人畜饮水无着。天气干燥时候，会出现一种小飞虫。飞虫之所以大量出现，经分析是跟天气有关。秋季持续不雨，很多草本植物过早枯黄死亡，小虫不得不倾巢出动，"期望"在省城能找到幼嫩植物作为食物。小长蝽其食性很杂，喜吸食草本植物汁液，对草本花卉以及草坪会产生危害。

秋旱给人类的健康造成麻烦，各种"干燥病"明显增加。比如皮肤瘙痒、出鼻血，以及咽炎患者逐渐增多。患者中有超过4成是由于空气干燥等引发的皮肤瘙痒。秋旱影响夏播作物和部分晚熟春播作物正常灌浆成熟，延误秋播作物适时播种和出苗生长。



## 风暴潮

风暴潮是一种灾害性的自然现象。由于剧烈的大气扰动，如强风和气压骤变（通常指台风和温带气旋等灾害性天气系统）导致海水异常升降，使受其影响的海区的潮位大大地超过平常潮位的现象，称为风暴潮。又可称"风暴增水"、"风暴海啸"、"气象海啸"或"风潮"。

风暴潮根据风暴的性质，通常分为由台风引起的台风风暴潮和由温带气旋引起的温带风暴潮两大类。

风暴潮

台风风暴潮，多见于夏秋季节。其特点是：来势猛、速度快、强度大、破坏力强。凡是有台风影响的海洋国家、沿海地区均有台风风暴潮发生。

温带风暴潮，多发生于春秋季节，夏季也时有发生。其特点是：增水过程比较平缓，增水高度低于台风风暴潮。主要发生在中纬度沿海地区，以欧洲北海沿岸、美国东海岸以及我国北方海区沿岸为多。

**风暴潮成灾因素**

风暴潮能否成灾，在很大程度上取决于其最大风暴潮位是否与天文潮高潮相叠，尤其是与天文大潮期的高潮相叠。当然，也决定于受灾地区的地理位置、海岸形状、岸上及海底地形，尤其是滨海地区的社会及经济（承灾体）情况。如果最大风暴潮位恰与天文大潮的高潮相叠，则会导致发生特大潮灾，如8923和9216号台风风暴潮。1992年8月28日至9月1日，受第16号强热带风暴和天文大潮的共同影响，我国东部沿海发生了1949年以来影响范围最广、损失非常严重的一次风暴潮灾害。潮灾先后波及福建、浙江、上海、江苏、山东、天津、河北和辽宁等省、市。风暴潮、巨浪、大风、大雨的综合影响，使南自福建东山岛，北到辽宁省沿海的近万千米的海岸线，遭受到不同程度的袭击。受灾人口达2000多万，死亡194人，毁坏海堤1170千米，受灾农田193.3万公顷，成灾33.3万公顷，直接经济损失90多亿元。

当然，如果风暴潮位非常高，虽然未遇天文大潮或高潮，也会造成严重潮灾。8007号台风风暴潮就属于这种情况。当时正逢天文潮平潮，由于出现了5.94米的特高风暴潮位，仍造成了严重风暴潮灾害。

**风暴潮历史灾害**

风暴潮灾害居海洋灾害之首位，世界上绝大多数因强风暴引起的特大海岸灾害都是由风暴潮造成的。

在孟加拉湾沿岸，1970年11月13日发生了一次震惊世界的热带气旋风暴潮灾害。这次风暴增水超过6米的风暴潮夺去了恒河三角洲一带30万人的生命，溺死牲畜50万头，使100多万人无家可归。1991年4月的又一次特大风暴潮，在有了热带气旋及风暴潮警报的情况下，仍然夺去了13万人的生命。1959年9月26日，日本伊势湾顶的名古屋一带地区，遭受了日

本历史上最严重的风暴潮灾害。最大风暴增水曾达 3.45 米，最高潮位达 5.81 米。当时，伊势湾一带沿岸水位猛增，暴潮激起千层浪，汹涌地扑向堤岸，防潮海堤短时间内即被冲毁。造成了 5180 人死亡，伤亡合计 7 万余人，受灾人口达 150 万，直接经济损失 852 亿日元。

美国也是一个频繁遭受风暴潮袭击的国家，并且和我国一样，既有飓（台）风风暴潮又有温带大风风暴潮。1969 年登陆美国墨西哥湾沿岸“卡米尔 – Camille”飓风风暴潮曾引起了 7.5 米的风暴潮，这是迄今为止世界第一位的风暴潮记录。历史上，荷兰曾不止一次被海水淹没，又不止一次地从海洋里夺回被淹没的土地。这些被防潮大堤保护的土地约占荷兰全部国土的 3/4。荷兰、英国、原苏联的波罗的海沿岸、美国东北部海岸和中国的渤海，都是温带风暴潮的易发区域。



中国历史上，由于风暴潮灾造成的生命财产损失触目惊心。1782 年清代的一次强温带风暴潮，曾使山东无棣至潍县等 7 个县受害。1895 年 4 月 28、29 日，渤海湾发生风暴潮，毁掉了大沽口几乎全部建筑物，整个地区变成一片“泽国”，“海防各营死者 2000 余人”。1922 年 8 月 2 日一次强台风风暴潮袭击了汕头地区，造成特大风暴潮灾。

据史料记载和我国著名气象学家竺可桢先生考证，有 7 万余人丧生，更多的人无家可归流离失所。这是本世纪以来我国死亡人数最多的一次风暴潮灾害。

据《潮州志》载，台风“震山撼岳，拔木发屋，加以海汐骤至，暴雨倾盆，平地水深丈余，沿海低下者且数丈，乡村多被卷入海涛中”。“受灾尤烈者，如澄海之外沙，竟有全村人命财产化为乌有”。该县有一个 1 万多人的村庄，死于这次风暴潮灾的竟达 7000 多人。当地政府对此不闻不问，结果疫病横行，又死了 2000 多人。记录到的这次风暴潮值为 3.65 米，台风风力超过了 12 级。

上海地区在历史上也曾发生多起非常严重的特大风暴潮灾。其中最严重的一次发生在 1696 年，“康熙三十五年六月初一日，大风暴雨如注，时方值亢旱，顷刻沟渠皆溢，欢呼载道。二更余，忽海啸，飓风复大作，潮挟风威，声势汹涌，冲入沿海一带地方几数百里。宝山纵亘六里，横亘十八里，水面高于城丈许；嘉定、崇明及吴淞、川沙、柘林八、九团等处，漂没千丈，灶户一万八千户，淹死者共十万余人。黑夜惊涛猝至，居人不复相顾，奔窜无路，至天明水退，而积尸如山，惨不忍言”。这是我国风暴潮灾害历史的文字记载中，死亡人数最多的一次。

据统计，汉代至公元 1946 年的 2000 年间，我国沿海共发生特大潮灾 576 次，一次潮灾的死亡人数少则成百上千，多则上万及至十万之多。

中华人民共和国成立后的 40 多年中，我国曾多次遭到风暴潮的袭击，也造成了巨大的经济损失和人员伤亡：

1956 年第 12 号（Wanda）强台风引起的特大风暴潮，使浙江省淹没农田 40 万亩，死亡人数 4629 人。



1969 年第 3 号（Viola）强台风登陆广东惠来，造成汕头地区特大风暴潮灾，汕头市进水，街道漫水 1.5～2 米，牛田洋大堤被冲垮。在当地政府及军队奋力抢救下，仍有 1554 人丧生。但较 1922 年同一地区相同强度的风暴潮，死亡人数减少了 98%。

1964 年 4 月 5 日发生在渤海的温带气旋风暴潮，使海水涌入陆地 20～30 千米，造成了 1949 年以来渤海沿岸最严重的风暴潮灾。黄河入海口受潮水顶托，浸溢为患，加重了灾情，莱州湾地区及黄河口一带人民生命财产损失惨重。

另一次是 1969 年 4 月 23 日，同一地区的温带风暴潮使无棣至昌邑、莱州的沿海一带海水内侵达 30～40 千米。

据统计，1949 年～1993 年的 45 年中，我国共发生过程最大增水超过 1 米的台风风暴潮 269 次，其中风暴潮位超过 2 米的 49 次，超过 3 米的 10 次。共造成了特大潮灾 14 次，严重潮灾 33 次，较大潮灾 17 次和轻度潮灾 36 次。另外，我国渤、黄海沿岸 1950 年～1993 年共发生最大增水超过 1 米的温带风暴潮 547 次，其中风暴潮位超过 2 米的 57 次，超过 3 米的 3 次。造成严重潮灾 4 次，较大潮灾 6 次和轻度潮灾 61 次。

40 多年中，尽管沿海人口急剧增加，但死于潮灾的人数已明显减少，这不能不归功于我国社会制度的优越和风暴潮预报警报的成功。但随着濒海城乡工农业的发展和沿海基础设施的增加，承灾体的日趋庞大，每次风暴潮的直接和间接损失却正在加重。据统计，中国风暴潮的年均经济损失已由 20 世纪50年代的1亿元左右，增至20世纪80年代后期的平均每年约20亿元，20世纪90年代前期的每年平均76亿元，1992和1994年分别达到93.2和157.9亿元，风暴潮正成为沿海对外开放和社会经济发展的一大制约因素。

**风暴潮的防御**

我国风暴潮预报业务系统是20世纪70年代初建成的，国家海洋水文气象预报总台（现为国家海洋环境预报中心）于1974年正式向全国发布风暴潮预报，发布预报的方式，从最初的电报、电话，发展到目前的电视广播、传真电报和电话等传媒手段，经长期统计其平均时效为12.4小时，高潮位预报误差为25.5厘米，高潮时平均误差为19.8分钟。随后国家海洋局所属3个分局预报区台、海南省海洋局预报区台以及部分海洋站、水利部所属的沿海部分省市水文总站和水文、海军气象台等单位也相继开展了所辖省、地区和当地的风暴潮预报，至此一个全国性的预报网络已基本建成。



沿海是各个海洋国家经济发展的重点地区，近20年来，各国沿海经济均得到不同程度的发展，人口和资产密度均急剧增长，因而遭受灾害的损失也随之加大，在一些地区灾害已成为沿海经济发展的制约因素之一，为此如何防范和减少灾害的损失正为各国所重视。日本是经常遭受风暴潮袭击和影响的国家之一，日本政府和有关部门对防灾减灾工作极为重视，不仅加强有关这方面的科学研究，还制订了一系列应急措施。美英等一些国家，目前正以高科技装备实现了预警系统的自动化、现代化，对风暴潮的监测、监视、通讯、预警、服务等基本做到高速、实时、优质。美国不仅由所属海洋站的船只、浮标、卫星等自动化仪器实现对风暴潮的自动监测，还通过世界卫星通讯系统定时进行传输，有效的提高了时效，整个预警过程的时间间隔不超过3小时。此外，美国在现行联邦体制下，将处理自然灾害的主要职责放在州政府一级上，为此州政府运用税收和增加公益金等手段广泛收集资金，以从事广泛的灾害管理和应急自救等活动。近几年美国有些州遭到几次大飓风暴潮灾的侵袭，州政府及有关部门都能掌握风暴潮的动向，在短时间内组织数十万人有序转移，大大减轻了灾害的损失，有效地实施灾后工作。

我国对风暴潮灾的防范工作，随着事业的发展和客观的需要，也日益得到重视和加强。目前在沿海已建立了由280多个海洋站、验潮站组成的监测网络，配备比较先进的仪器和计算机设备，利用电话、无线电、电视和基层广播网等传媒手段，进行灾害信息的传输。风暴潮预报业务系统比较好地发布了特大风暴潮预报和警报，同时沿海省市有关部门和大中型企业也积极加强防范并制订了一些有效的对策，如一些低洼港口和城市根据当地社会经济发展状况结合历来风暴潮侵袭资料，重新确定了警戒水位。位于黄河三角洲的胜利油田和东营市政府投入巨资，兴建几百千米的防潮海堤。随着沿海经济发展的需要，抗御潮灾已是实施未来发展的一项重要战略任务。



## 霜　冻

一谈起霜冻，人们自然联想到霜。然而，霜与霜冻并不是一回事。霜是指近地面物体或地面上温度降到0℃，空气中的水汽直接凝结在物体上的白色结晶。而霜冻则是指气温突然下降，降低到农作物所需要的最低温度以下，并足以引起植物受害或枯萎死亡的低温。因此，出现霜冻时可能有霜，也可能无霜。根据霜冻出现的时间，也可将其分为晚霜（春季出现）和早霜（秋季出现）。

霜　冻

霜冻对农作物的危害很大，所以，必须千方百计设法加以预防。各地农民朋友在长期的农业生产实践中积累了许多行之有效的防霜冻好办法，如培育抗寒品种，增施农肥，合理追肥，喷施植物激素，以及育苗移栽等。早霜也可采取物理方法进行预防。

## 怎样预测霜冻出现的时间

规律法：掌握当地历年秋季出现霜冻的规律。我省秋霜，大部分地方在9月下旬出现，东部山区早些，约在9月上、中旬，白城市一般在9月20日前后出现霜冻。

谚语法：就是利用谚语及物候反应进行预计。如“雁过十八天来霜”，“三场白露一场霜”，“姜不辣开花十八天后有霜”。

如果入夜后露水小，天气又晴朗，当夜就可能出现霜冻。

为了准确掌握霜冻的时间，可在田里插一块铁板，由于金属降温快，铁板上将先出现霜，这时便马上采取防霜措施。

## 预防霜冻的几种有效措施



1. 熏烟防霜：采用此法防霜冻效果好，而且经济，就是利用燃烧发烟的物体，使其形成烟幕达到防霜的目的。熏烟方法是：测准风向，在防霜地块的上风头，每隔10米左右，挖深30厘米左右，直径为90厘米左右的小型圆坑，下放干草，上堆湿草作为发烟的材料，根据预报，当温度下降到1℃以下。0℃以上时点火放烟。一定掌握好点火的时间，不能过早和过晚。烟幕应持续到天亮太阳升起湿度回升后为止。

2. 灌溉防霜：灌溉可以增加土壤的热能量和导热率；同时增加空气湿度，减少辐射冷却。经试验表明：在预计来霜的前一天进行放水灌溉，能使地温提高1℃～2℃，防霜效果理想。

3. 喷雾法防霜：在来霜前不断地用喷雾器往作物上喷水，能使作物的叶面凝结上水珠，水珠可以放出潜热，可提高温度，免受冻害。

4. 覆盖防霜：一般多用于覆盖蔬菜，可用草帘子、席子、草木灰、塑料薄膜等材料，在霜冻前4小时左右覆盖农作物的表面，日出后除掉，以保持地热量不散失，而防止冻害，防霜的效果较好。

5. 自制烟雾弹防霜：可用30%硝铵、30%沥青、40%锯沫为原料混合制成。先将锯沫和硝铵晒干、压碎、过筛，然后将3种材料混合拌匀，包成筒状药色，中间插上药捻或导火线即成。在来霜之前放置在地里，放置数量可根据地块大小而定，在来霜前1小时左右点燃，就可放出大量浓烟。

## 雪　灾

雪灾亦称白灾，是因长时间大量降雪造成大范围积雪成灾的自然现象。它是中国牧区常发生的一种畜牧气象灾害，主要是指依靠天然草场放牧的畜牧业地区，由于冬半年降雪量过多和积雪过厚，雪层维持时间长，影响畜牧正常放牧活动的一种灾害。对畜牧业的危害，主要是积雪掩盖草场，且超过一定深度，有的积雪虽不深，但密度较大，或者雪面覆冰形成冰壳，牲畜难以扒开雪层吃草，造成饥饿，有时冰壳还易划破羊和马的蹄腕，造成冻伤，致使牲畜瘦弱，常常造成牧畜流产，仔畜成活率低，老弱幼畜饥寒交迫，死亡增多。同时还严重影响甚至破坏交通、通讯、输电线路等生命线工程，对牧民的生命安全和生活造成威胁。雪灾主要发生在稳定积雪地区和不稳定积雪山区，偶尔出现在瞬时积雪地区。中国牧区的雪灾主要发生在内蒙古草原、西北和青藏高原的部分地区。

雪灾的发生

根据我国雪灾的形成条件、分布范围和表现形式，将雪灾分为3种类型：雪崩、风吹雪灾害（风雪流）和牧区雪灾。

### 2008年我国的雪灾

在2008年1月10日，雪灾在南方爆发了。严重的受灾地区有湖南，贵州，湖北，江西，广西北部，广东北部，浙江西部，安徽南部，河南南部。截至2008年2月12日，低温雨雪冰冻灾害已造成21个省（区、市、兵团）

不同程度受灾，因灾死亡107人，失踪8人，紧急转移安置151.2万人，累计救助铁路公路滞留人员192.7万人；农作物受灾面积1.77亿亩，绝收2530亩；森林受损面积近2.6亿亩；倒塌房屋35.4万间；造成1111亿元人民币直接经济损失。

2008年我国发生的雪灾

造成这次雪灾的天气成因是什么呢？形成大范围的雨雪天气过程，最主要的原因是大气环流的异常，尤其在欧亚地区的大气球流发生异常。



我们都知道，大气环流有着自己的运行规律，在一定的时间内，维持一个稳定的环流状态。在青藏高原西南侧有一个低值系统，在西伯利亚地区维持一个比较高的高值系统，也就是气象上说的低压系统和高压系统。这两个系统在这两个地区长期存在，低压系统给我国的南方地区，主要是南部海区和印度洋地区，带来比较丰沛的降水。而来自西伯利亚的冷高压，向南推进的是寒冷的空气。很明白，正常情况下，冬季控制我国的主要是来自西伯利亚的冷空气，使得中国大部地区干燥寒冷。

而在2008年1月，西南暖湿气流北上影响我国大部分地区，而北边的高压系统稳定存在，从西伯利亚地区不断向南输送冷空气，冷暖空气在长江中下游及以南地区就形成了一个交汇，冷空气密度比较大，暖空气就会沿着冷空气层向上滑升，这样暖湿气流所携带的丰富的水气就会凝结，形成雨雪的天气。由于这种冷暖空气异常地在这一带地区长时间交汇，导致中国南方大范围的雨雪天气持续时间就比较长。

实际上我国南方地区这三次雨雪天气过程，主要就是西南暖湿气流的3次加强，相应地出现了3次比较大的雨雪天气过程。

其中2008年1月26、27、28日的第三次大范围持续性雨雪天气过程强度强，再加上前两次的影响，因而造成了最严重的损失。

## 暴雪预警

暴雪预警信号分四级，分别以蓝色、黄色、橙色、红色表示。

（一）暴雪蓝色预警信号

标准：12 小时内降雪量将达 4 毫米以上，或者已达 4 毫米以上且降雪持续，可能对交通或者农牧业有影响。

防御指南：

1. 政府及有关部门按照职责做好防雪灾和防冻害准备工作；

2. 交通、铁路、电力、通信等部门应当进行道路、铁路、线路巡查维护，做好道路清扫和积雪融化工作；

3. 行人注意防寒防滑，驾驶人员小心驾驶，车辆应当采取防滑措施；

4. 农牧区和种养殖业要储备饲料，做好防雪灾和防冻害准备；

5. 加固棚架等易被雪压的临时搭建物。

（二）暴雪黄色预警信号

标准：12 小时内降雪量将达 6 毫米以上，或者已达 6 毫米以上且降雪持续，可能对交通或者农牧业有影响。

防御指南：

1. 政府及相关部门按照职责落实防雪灾和防冻害措施；

2. 交通、铁路、电力、通信等部门应当加强道路、铁路、线路巡查维护，做好道路清扫和积雪融化工作；

3. 行人注意防寒防滑，驾驶人员小心驾驶，车辆应当采取防滑措施；

4. 农牧区和种养殖业要备足饲料，做好防雪灾和防冻害准备；

5. 加固棚架等易被雪压的临时搭建物。

（三）暴雪橙色预警信号

标准：6 小时内降雪量将达 10 毫米以上，或者已达 10 毫米以上且降雪持续，可能或者已经对交通或者农牧业有较大影响。

防御指南：

1. 政府及相关部门按照职责做好防雪灾和防冻害的应急工作；

2. 交通、铁路、电力、通信等部门应当加强道路、铁路、线路巡查维

护，做好道路清扫和积雪融化工作；

3. 减少不必要的户外活动；

4. 加固棚架等易被雪压的临时搭建物，将户外牲畜赶入棚圈喂养。

（四）暴雪红色预警信号

标准：6小时内降雪量将达15毫米以上，或者已达15毫米以上且降雪持续，可能或者已经对交通或者农牧业有较大影响。

防御指南：

1. 政府及相关部门按照职责做好防雪灾和防冻害的应急和抢险工作；

2. 必要时停课、停业（除特殊行业外）；

3. 必要时飞机暂停起降，火车暂停运行，高速公路暂时封闭；

4. 做好牧区等救灾救济工作。



**降雪对中国南方的影响**

下雪是自然现象，北方年年都在下，即使有暴雪，也不会像南方降雪那样出现严重的问题，这是为什么呢？

首先是因为冻雨。现在南北地面温度都长时间低于0℃。但北方是从低空到高空都是稳定的冷空气，所以降下的都是雪花。南方由于冷空气势力已经有所减弱，暖空气势力又一场强大，因此在1500～3000米上空又形成一个温度高于0℃暖空气层，再往上3000米以上温度又低于0℃。大气垂直结构呈上下冷、中间暖的状态，即近地面存在一个逆温层。大气层自上而下分别为冰晶层、暖层和冷层。如此，从高空冰晶层掉下来的雪花通过暖层时融化成雨滴，接着当它进入靠近地面的冷气层时，雨滴便迅速冷却，成为过冷却雨滴，雨滴还没有来的及结成冰但温度已经降至0℃以下，形成了冻雨。

结冰现象也是一个很重要的因素。北方落下的都是雪，而且由于温度低落地不融化，所以不会结成冰，即使白天温度高雪融化了，但由于北方完全受极干燥的冷气团控制，例如兰州现在湿度才15%，融化的水很快就会蒸发，又回到空气中，地面总是干的。树上，电线上结冰是十分罕见的。而南方竟然到处都是冰凌。当冻雨落在地面及树枝、电线等物体上时，便集聚起来布满物体表面，由于气温物体温度都低于零度，所以立即冻结成冰凌。降下的雪花在白天温度高于零度时表面上的冰会有所融化，但由于受到暖湿气团的控制，湿度极大，例如现在长沙的湿度高达90%，所以根本蒸发不了，冰水还是留在地面物体上，到了晚上，温度又下降到零度以下，水立刻又结成了冰。

其次，雪的累积也是一个主要原因。北方看似是千里冰封万里雪飘，但那不怎么厚的雪是整整一个冬天积累下的，由于西伯利亚的冷空气极干燥，所以每次下的雪并不多，总是小雪中雪，也就是每小时只下5毫米左右的雪。一个冬天总共才下了几厘米能没过脚的积雪。南方本来湿度就很高，再加上拉尼娜带来的信风，使得降雪量非常大，湖南安徽常常是暴雪，也就是一小时就下了14毫米以上的雪，现在很多地方积雪竟然都厚达20多厘米，远远超过了北方一年的降雪量，所以南方的雪灾更严重。



北方的降雪不易结冰，所以电线上，屋顶虽然都有落雪，但一旦积累到体积过大，无法保持平衡时，就会自动从电线上落到地面上，所以电线只会在上表面留有少部分积雪，对电线的强度影响并不大，不至于超过电线所承受的重量，也不会压塌屋顶。南方的降雪降雨最终都转化为冰凌。落在电线上的雨雪，晚上一结冰，就将电线牢牢的包裹住了，冰就固定在电线上了，这样每一天冰都可以一层一层的将电线包裹起来，形成一种象树木年轮一样的情况，积累个几天，这个厚度就不容忽视了，电线上冰的厚度都超过了电线直径的两倍，电线自然承受不了，最终断裂。屋顶，高压线的铁塔都是这样，被厚厚的冰块严严实实的包裹起来，最终倒塌，这种情况主要就发生在湿度极高，温度较低的南岭下。高压线高高的钢塔在下雪天时，会承受2～3倍的重量。但如果是结冰，会承受10～20倍的电线重量。

## 寒　潮

所谓寒潮，就是北方的冷空气大规模地向南侵袭我国，造成大范围急剧降温和偏北大风的天气过程。寒潮一般多发生在秋末、冬季、初春时节。我国气象部门规定：冷空气侵入造成的降温，一天内达到10℃以上，而且最低气温在5℃以下，则称此冷空气爆发过程为一次寒潮过程。可见，并不是每一次冷空气南下都称为寒潮。

**造成寒潮的主要原因**

在北极地区由于太阳光照弱，地面和大气获得热量少，常年冰天雪地。到了冬天，太阳光的直射位置越过赤道，到达南半球，北极地区的寒冷程度更加增强，范围扩大，气温一般都在零下40℃以下。范围很大的冷气团聚集到一定程度，在适宜的高空大气环流作用下，就会大规模向南入侵，形成寒潮天气。

寒　潮

**寒潮的形成**

我国位于欧亚大陆的东南部。从我国往北去，就是蒙古国和俄罗斯的西伯利亚。西伯利亚是气候很冷的地方，再往北去，就到了地球最北的地区——北极了。那里比西伯利亚地区更冷，寒冷期更长。影响我国的寒潮就是从那些地方形成的。

位于高纬度的北极地区和西伯利亚、蒙古高原一带地方，一年到头受太阳光的斜射，地面接受太阳光的热量很少。尤其是到了冬天，太阳光线南移，北半球太阳光照射的角度越来越小，因此，地面吸收的太阳光热量也越来越少，地表面的温度变得很低。在冬季北冰洋地区，气温经常在零下20℃以下，最低时可到零下60℃～零下70℃。1月份的平均气温常在零下40℃以下。

由于北极和西伯利亚一带的气温很低，大气的密度就要大大增加，空气不断收缩下沉，使气压增高，这样，便形成一个势力强大、深厚宽广的冷高压气团。当这个冷性高压势力增强到一定程度时，就会像决了堤的海潮一样，一泻千里，汹涌澎湃地向我国袭来，这就是寒潮。

每一次寒潮爆发后，西伯利亚的冷空气就要减少一部分，气压也随之降低。但经过一段时间后，冷空气又重新聚集堆积起来，孕育着一次新的寒潮的爆发。

**寒潮的影响**

寒潮和强冷空气通常带来的大风、降温天气，是我国冬半年主要的灾害性天气。寒潮大风对沿海地区威胁很大，如1969年4月21日~25日那次的寒潮，强风袭击渤海、黄海以及河北、山东、河南等省，陆地风力7~8级，海上风力8~10级。此时正值天文大潮，寒潮爆发造成了渤海湾、莱洲湾几十年来罕见的风暴潮。在山东北岸一带，海水上涨了3米以上，冲毁海堤50多千米，海水倒灌30~40千米。

寒潮带来的雨雪和冰冻天气对交通运输危害不小。如1987年11月下旬的一次寒潮过程，使哈尔滨、沈阳、北京、乌鲁木齐等铁路局所管辖的不少车站道岔冻结，铁轨被雪埋，通信信号失灵，列车运行受阻。雨雪过后，道路结冰打滑，交通事故明显上升。寒潮袭来对人体健康危害很大，大风降温天气容易引发感冒、气管炎、冠心病、肺心病、中风、哮喘、心肌梗塞、心绞痛、偏头痛等疾病，有时还会使患者的病情加重。



寒潮爆发在不同的地域环境下具有不同的特点。在西北沙漠和黄土高原，表现为大风少雪，极易引发沙尘暴天气。在内蒙古草原则为大风、吹雪和低温天气。在华北、黄淮地区，寒潮袭来常常风雪交加。在东北表现为更猛烈的大风、大雪，降雪量为全国之冠。在江南常伴随着寒风苦雨。

**寒潮的预防**

1. 当气温发生骤降时，要注意添衣保暖，特别是要注意手、脸的保暖。

2. 关好门窗，固紧室外搭建物。

3. 外出当心路滑跌倒。

4. 老弱病人，特别是心血管病人、哮喘病人等对气温变化敏感的人群尽量不要外出。

5. 注意休息，不要过度疲劳。

6. 提防煤气中毒，尤其是采用煤炉取暖的家庭更要提防。

7. 应加强天气预报，提前发布准确的寒潮消息或警报。

# 与四季有关的热点问题

## 奇怪的六月飘雪

人们总以为雪是冬天的贵客，总是“循规蹈矩”地入冬而至。其实，它是游游逛逛的浪荡子，只要有机会，也会成为夏日的不速之客。

1981 年 6 月 1 日，我国管涔山林区一场大雪，损害林木不计其数。

1987 年 6 月 5 日，河北张家口地区突降大雪，气温骤降了 21℃，使 46 万亩农作物不幸夭折。13000 只羊、141 头大牲畜被“冷魔王”吞噬；且祸不单行，该地区部分县 1989 年 7 月又先后降霜，使数以万亩的山药、云豆、瓜菜等几乎全部绝收。

六月雪并不罕见，它窜南闯北，在许多地方留下足迹。据资料查证，近 500 年间，仅华东六省市就出现六月雪（霜）天气 50 多次，平均约 10 年 1 次。

奇怪的六月飘雪

1816 年，六月雪曾”光顾”美国，弄得那里的人们祸端四起，惨遭厄运。那年 6 月 6 日，威廉斯堡的气温骤然下降了 21.1℃，许多地方风雪交加，冰冻盈尺，谷物和蔬菜毁于一旦，成千上万的飞鸟也像黄瓜秧上的小虫一样浆冻成“冰鸟”死于非命，农民不得不重新播种。但七八月又出现寒潮霜冻，使收获的希望成为泡影。许多人饥肠辘辘，背井离乡。

其实，六月飘雪的出现，完全是气候发展的必然规律。如1987年上海那次六月雪，当时上海正处在减弱中的太平洋副热带高压脊的北侧雷阵雨区之北缘；高空从1000米、3000米~5000米高度上均有低压槽（降水系统）移过；3000米层和5000米层的气温分别在零下7℃和零下4℃以下，这种高空的冷气流和地面充沛的上升水气相遇，则是六月飘雪的主要天气背景。

美国1816年的六月雪，则与太阳黑子的变化和火山爆发有关。在1816年之前，出现过一次太阳黑子的高值；在1812~1815年之间，有3次较大的火山爆发。它们扰乱了大气王国的“社会秩序”，导致了气候异常而出现夏季低温。



这种局域性异常剧变的灾害天气，目前虽较难“捕捉”，但随着气象科学的不断发展，六月雪这位暑天怪客，终将会成为“瓮中之鳖”。

## 暖冬现象

暖冬这一名词，以往气象学上没有定义，是近几年气候变暖而产生的新的气象名词，参考气象学上的暖流、暖锋、暖气团等概念，中国气象局气候专家，把冬季冷暖这一现象分成，暖冬和冷冬，即某年某一区域整个冬季（全国范围冬季为上年12月到次年2月）的平均气温高于常年值或称气候平均值（常年值一般取近30年平均，自2002年开始我国根据WMO的规定起用1971年~2000年30年平均值作为常年值）时，称该年该区域为暖冬，否则为冷冬。按此定义，我国自1987年~2004年连续18年冬季平均气温高于1961年~1990年气候平均值，即零下4.7℃，故可称连续18年发生了暖冬现象，若按新的1971年~2000年气候平均值，即零下4.2℃，而1995/1996年和1999/2000年两个冬季的全国平均气温分别为零下4.3℃和零下4.4℃均低于新的气候平均值，就不能算暖冬。故按目前标准更科学的说法2004年是连续第四个暖冬。

最近某些媒体记者报道的“整个冬季的气温平均值偏高0.5℃以上，称暖冬”的概念是不正确的，如果按此定义，1995/1996年冬季和1999/2000年冬季，无论按新的，还是旧的气候平均值，均达不到暖冬标准，也就不存在连续18个暖冬！

暖冬的概念具有严格的科学定义，是否暖冬一定要看整个冬季的全国平均气温是否高于常年值。所以冬季里某一时段出现气温偏高（相对暖和）时，就说是暖冬，另一时段气温偏低（相对寒冷）时，又说是冷冬，那就出现一个冬季既是暖冬，又是冷冬的笑话了。

过去的2006年，在中国全境，算是一个实实在在的暖冬天气。气温普遍偏高，降雪天气极少。

**暖冬的成因**



出现“暖冬”现象原因很多，全球气候变暖所起的作用和机理仍在科学家的研究之中。但是大气污染毫无疑问是造成全球气候变暖的重要原因之一。由于工业化进程的加快和人类活动的加剧，大气中污染物的种类和浓度都在增加。在众多的大气污染物中，科学家们发现大气中二氧化碳浓度的升高和全球气温变暖之间有很紧密的内在相关联系。据资料介绍，从地球上无数烟囱、汽车排气管排出的二氧化碳，约有50%留在大气里，其余大部分被海水吸收，小部分被植物吸收。实测资料表明，从1958年~1970年，大气中的二氧化碳年平均浓度从310ppm上升到320ppm。

除了二氧化碳，其他一些大气污染物也会引起全球气候变暖，如：甲烷、一氧化二氮、卤代烃等。

**暖冬之利**

1. 节约能源减轻供电压力

供暖需要用电，若冬季偏暖，供电压力就会小。但是，由于冬季冷暖变化不定，气温有所起伏，所以根据天气情况，采取供暖对策，就可以大大节约能源。

2. 降低三类疾病死亡率

大量的数据表明，居民的每日死亡人数与季节和气温关系十分密切。

冬季，老年人受气温的影响最大，如脑血管疾病、恶性肿瘤和心脏病这 3 类疾病的死亡人数在寒冷天气下明显增加。因此，冬季冷空气不强，天气不十分寒冷，将可以减少居民特别是老年人上述疾病的发作和死亡人数。

3. 降雪融化快有利通行

由于冬季气温高，即使下雪也会很快融化，不容易在道路上形成积雪，有利于交通。另外，雪融化得快，使用融雪剂就少，对环境保护也有好处。

4. 对植被生长有利

冬级偏暖对森林的植被生长有利。另外，暖冬会促使小麦旺长。

**暖冬之弊**

1. 呼吸道疾病大大增加



由于冬季的气温偏高，可使得各种病菌、病毒活跃，病虫害滋生蔓延。加上使用暖气和空调，空气干燥，使得人们口干舌燥、嗓子疼、流鼻血、皮肤干燥发痒、火气大等。还会削弱人体上呼吸道的防御功能，诱发各种呼吸道疾病。

2. 火灾频发

由于暖冬气温相对较高，空气干燥，很容易引起火灾。

生活提示

首先我们要认识到，出现暖冬并不意味着可以放松冬季防寒保暖。因为即使在暖冬的气候条件下，不排除有强冷空气影响，出现强降温天气。因此，我们要及时了解天气的变化，一旦遇到大的寒潮和强降温天气情况，需要加强防寒保暖。

另外，为预防疾病，特别是呼吸道疾病的发生，要注意开窗通风，这样能减少和抑制病菌病毒繁殖，预防疾病。在太阳好的天气里，将衣被拿出去晒一晒，阳光中的紫外线能抵御和杀死多种病菌病毒，有效预防流脑、流感、麻疹等疾病。

## 反思——如果全球季节紊乱

法国气象局气候部研究员让·马克·穆瓦斯兰在 2005 年一份报告中总

结道："自1950年到2000年，法国的夏季越来越热，而冬季冰期却越来越短。同一时期，法国的全年气温，尤其是夏季温度呈上升趋势。在法国靠北的2/3地区内，降水量出现增长，并伴以冬增夏减的巨大反差。这也使得夏季的干旱情况更为严重。"所有的证据都表明，季节更迭已发生紊乱，而愈演愈烈的全球气候变暖正是导致这一变化的首要原因。有关未来气候变化的计算机模拟数据清清楚楚地告诉我们，到2100年前后，各季的"正常"平均气温（根据最近30年的统计资料得出）将上升4℃~6℃，直接导致季节紊乱。



眼下，我们长久以来习以为常的寒冬正在逐渐消失。法国气象研究中心气候模型专家艾尔维·多维尔总结道："冬季冰期开始的时间越来越晚，结束的时间越来越早。每年冰期的天数不断减少，并可能最终完全消失。"哪怕气温仅仅上升2℃（这种情况很可能在2050年之前成为现实），冰雪覆盖面积就会减少40%~50%。在平原地区，现在已经难得一见的冰雪风情，到时候将彻底成为遥远的记忆。而在1500米以上中海拔山区，情况同样不容乐观。以西欧为例，降雪天气在阿尔卑斯山北部地区将从5个月减少到4个月，在阿尔卑斯山南部和比利牛斯山将从3个月减少到2个月！实际上，届时只有那些最高的山峰还能保住一身银妆素裹……相反，法国全境冬季降雨会更为频繁，雨量也将大大增加，尤其是在法国南部和西部地区。当然，这对于不堪重负的地下含水层来说是一个好消息……与此同时，来自大西洋的西风有可能会增强，不过冬季风暴的数量和强度并不会因此而出现变化。但是让·马克·穆瓦斯兰强调说："目前，计算机气候模型的精确度还很低，不足以对风暴等极端天气的出现频率作出准确估计。"

全球季节紊乱设想

相对慢慢消失的冬季而言，夏季的来势却越来越凶猛。如果目前的气候变化趋势继续保持下去的话，2003 年那场造成极大损失、并且在法国人集体记忆中留下深深烙印的酷热，很可能在 2070 年之后成为家常便饭。总而言之，今后夏天的降雨会更少，最多也只能维持在当前的水平上，而天气则会愈加炎热。根据计算机气候模拟预测，未来夏季的干旱情况会越来越严重，气温峰值也会以惊人的幅度攀升。虽然土壤和植被中积蓄的水分具有极高的热容量，对降低气温有着显著的作用，但是一旦这些水分完全蒸发，就再也没有什么可以延缓汹涌袭来的热浪了。

寒冷的冬天逐渐变暖，炎热的夏天日益灼人。春天和秋天当然不可能“独善其身”，它们同样也会受到气候变暖的影响。承夏季干旱的余绪，“秋老虎”能逞上好些日子的威风。而春天作为受升温影响最小的季节，将越来越难以同冬季区分开来。随着每年第一波热浪来临时间的提前，真不知道留给春之女神的还能有多少时间……



话虽如此，不过目前气候变化模型仍不够精确，无法对春季和秋季的发展变化进行准确描述。尤其是降雨，它在很大程度上取决于那些难以纳入模型推演的小范围地域因素。根据法国气象局的估算，未来法国各地雨量变化程度最大可能会相差 40%，气温上升幅度可能相差 2℃！但是从明年起，随着气候模型的改进和电脑计算功能的增强，新的预测图表能得出更为精确的结果。新推出的气候变化模型还能帮助科学家逐步揭开气候变化机制的神秘面纱。

**植物也有“发言权”**

虽然气象学家对“过渡季节”未来变化的走向尚无定论，但是生物学家却已经得出了自己的结论：春天来临的时间越来越早，而秋季开始的时间却越来越晚。农业工作者和植物学家都是名副其实的四季“观察家”，因为他们能通过落叶植物的生长和相当一部分物候学特征来“解读”四季的变化。按照他们的观点，春季从植物发芽时开始，到植物开花时结束。而标志秋天来临的是植物光合作用的停止、果实的完全成熟和叶片因植物汁液循环停止而发生的枯萎凋落。

今天，这些数百年来已经为科学家不断研究和记录的植物生长特点告

诉我们一个无可争辩的事实。去年夏天，德国慕尼黑技术大学的安奈特·蒙泽尔（Annette Menzel）发表了一份综合研究报告。她总结了1971~2000年针对21个欧洲国家的542种植物和19种动物进行的12.5万多项观察，得出了惊人的结论。“78%的观察结果表明，在欧洲，每年树叶新生、开花和结果等与春季和夏季有关的植物生长现象出现得越来越早”，安奈特·蒙泽尔指出，“近30年来平均每10年提前两天半，即总共提前了至少一周时间！与之相反，只有3%的观察结果显示春天来临的时间出现延误。”除了春季经常提前来临之外，秋天的姗姗来迟也由半数的观察结果得到了证实。植物生长期因此得以延长。

造成这些变化的原因到底是什么呢？很简单，就是因为气温的上升。安奈特·蒙泽尔继续说道：“这些物候现象的出现日期和此前一月的平均气温有着明显的关联。这是我们首次证明物候学能从数值上反映气候变暖。同样是在欧洲，在德国、比利时、西班牙等气温上升幅度最大的国家，春天到来的时间就比在其他国家提前许多。”事情再明显不过了：全球气候变暖的的确确正在改变自然进程和四季的长短。也许人们应该为此感到高兴。不是吗，谁又会去怀念1956年2月零下30℃的法国历史最低气温和1962、1963年间那没完没了的漫长冬季呢？然而，寒冬尽管有着种种坏处，却也是我们这个气候带自然周期中必不可少的一环。气候变暖在拨乱季节“时钟”、改变季节特征的同时，也打破了生物正常的生长规律。自然的钟摆究竟何时才会被重新校准呢？



时下生物学界最流行的寓言恐怕就是“夏栎、毛虫和山雀”的故事了。这则寓言所要表达的寓意就是季节紊乱打破了动植物的平静生活。故事情节其实并不复杂。以前，夏栎新叶发芽生长、果园秋尺蛾幼虫孵化和大山雀雏鸟出生都在初春同时发生。时间上的同步将这些生命行为紧密联系在一起，并使得食物链上的这3个物种都能够继续生存下去。突然，亿万年来生物进化所形成的良性循环发生了变化。秋尺蛾幼虫孵化的时间越来越早，早到幼虫赖以为生的夏栎叶还未发芽，而以秋尺蛾幼虫为食的山雀雏鸟也还未破壳而出。结果，秋尺蛾幼虫和小山雀只能在饥饿中夭折！故事虽然悲惨，但却意义深远。因为对于科学家来说，这则故事充分说明了季节紊乱对生态系统所造成的影响。

同时它也尤其说明生物按照季节变化规律而生长发育的奥秘还很难被破解。我们或许认为，既然对所有生物来说，季节紊乱是一个相同的大背景，那么它们自然会本能默契地协调，从而把混乱降低到最低程度。然而，夏栎、毛虫和山雀的故事却说明实际情况完全不同。为什么呢？是因为生物物种的多样性？是因为物种之间的相互作用？是因为将生物和季节联系在一起的生命机制？生物学家虽然由于缺乏足够的资料而无法作出明确的回答，但还是找到了大致的研究方向。

可以肯定的是，不论是植物、昆虫，还是鸟类或哺乳动物，所有生物都会根据季节的更迭而启动相应的生命行为。开花、迁徙、冬眠、繁殖都属于季节性的生命行为。



### 山雀幼鸟出生为何会推迟

这难道是依靠奇迹吗？其实，生物是通过“体内生物钟”与外部天气联系在一起的。生物学家已经知道，生物体内的”生物钟”靠环境征象调拨。环境征象就像是一些信号，生物能够从中读出“今夕何夕”。在所有环境征象中，白昼光照是生物借以确定季节的主要参照。由于从天文学的角度来看，每年白昼时间变化的过程完全相同，白昼光照因而成为特别稳定的参照标志。法国斯特拉斯堡大学神经生物学家弗洛朗·勒维尔解释道：“生物能够根据白昼时间的延长和缩短来判断在一年当中所处的时期和即将来临的季节，从而对未来的环境条件作出预判。”哺乳动物视网膜中的感光器能够感觉到白昼的长短变化，从而对乙酰甲氧色胺（melatonin）的形成进行直接调节。这种激素只有在夜间才能在生物体内合成，其数量也取决于夜晚的长度。日复一日，生物体根据乙酰甲氧色胺分泌持续时间的变化相应地调节各生理系统的运行。

但是，季节紊乱给生物造成的影响却无法通过这种神奇的光周期识别能力得到解释。原因很简单，季节紊乱并不会改变白昼的长短。因此，光周期识别无法解释为什么秋尺蛾幼虫会提早孵化，而山雀幼鸟出生会推迟。是一些其他因素，配合光信号的变化，导致生物们对季节紊乱的反应各不相同。

气温对植物或昆虫的新陈代谢能产生直接的影响，而鸟类和哺乳动物则能根据外界条件调节体温。当气温因素和光周期机制共同作用时，结果就完全不同了。法国波城大学时间生物学专家皮埃尔·布里卡齐总结道："对植物来说，白昼时间变长就好比给生理进程亮了绿灯。而温度的升高则对生理进程起到加速作用。那些在春天白昼开始变长之后才会开花的植物，在气温提前升高的情况下，会提前开花。"同样，如果春天更加暖和，昆虫就会提前从冬眠中醒来，并以更快的速度生长发育。相反，气温对鸟类和哺乳动物的直接影响很小。在鸟类和哺乳动物根据食物丰富程度而采取行动的情况下，甚至只能起到间接的作用。如果冬季天气暖和，那么原本应该进入冬眠的哺乳动物便会由于食物充裕而推迟冬眠开始的时间……



换言之，如果说白昼的长短决定的是生物季节性行为出现的"区间"，那么气温则可以在此"区间"范围内提前或者推迟季节性行为出现的具体时间。而且气温对植物、昆虫、脊椎动物的影响也各不相同。这恰好能说明夏栎发芽、毛虫孵化和山雀出生的时间为何会出现差异。

除了气温之外，还要考虑到另外一个因素。荷兰格罗宁根大学的克里斯蒂安·博特表示："我们经常忽略这一点。要知道，根据时间和地点的不同，气温因全球气候变暖而发生变化的幅度也会出现差异。"

**物种大规模灭绝**

克里斯蒂安·博特对1980~2005年荷兰春季气温变化作出了这样的分析："我们发现4月的头三个星期气温并不比往年高。而这正是山雀按照光周期所决定的生物钟进行产卵的时期。因此山雀没有改变产卵期也就没有什么可奇怪的了。然而，4月的最后一个星期和5月的头两个星期比往年温暖，所以树木以及秋尺蛾幼虫对此作出了直接反应，提前并加快了生命活动。但这时山雀已经产卵完毕，幼鸟的孵化周期无可更改，白白错过了大量的食物。"

这就是我们能从"夏栎、毛虫和山雀"寓言中得出的经验教训。不过还要弄明白这一生动的教学实例到底是偶然出现的孤立事件还是未来普遍现象的提前预演。美国得克萨斯州奥斯丁大学生物学家卡米尔·帕默森指出："从理论上讲，季节紊乱会以同样的方式在多种生态系统中制造混乱。例如掠食者和猎物的关系，植食昆虫和植物的关系，寄生虫和宿主昆虫的关系，还有传粉昆虫和开花植物的关系。"但是目前还没有足够的研究可以证明这一点。比方说，荷兰生态研究所生态学家马赛尔·维塞在所有发表的文献中只发现十几例得到充分证明的生态系统遭破坏的案例，主要涉及鸟类、昆虫和水生生物。由此可以得出什么样的结论呢？"最为常见的情况就是，两种互为依存的生物的季节性行为出现不同步。"有些物种因此陷入困境，而其他的却不会。

会不会由此导致物种的大规模灭绝？这种想法显然忽略了物种内部个体间的差异。仍以大山雀为例：有些大山雀产卵的时间较同类早，那么它们被自然淘汰的风险就低，因为它们后代的成长将较少受食物短缺的影响。同样道理，那些孵化较晚的秋尺蛾幼虫也能找到夏栎叶为食。这是否足以使得夏栎、毛虫、山雀之间被打破的平衡关系得到重新建立呢？另外，也可能会有新的生态系统随着生命周期相近的物种结成伙伴关系而出现。物种灭绝只有在与此相反的情况下才会发生……



**未来难以预测**

自然平衡将因季节紊乱而遭到破坏，这一点是毫无疑问的。巴黎第四大学生态学家马尼埃尔·马索认为："生态系统在运转机制和生物多样性方面都会发生变化。由于适应新环境和多样化发展的潜力并不相同，不同物种之间的平衡被打破显然是不可避免的。我们很可能会经历一段长时期的生态失衡。但是鉴于生态系统的复杂性，现在还很难对未来作出预测。不过我们担心会有不少物种消失。"皮埃尔·布里卡齐对这种担忧却持保留态度，他说："在整个进化历史上，曾经出现过多次大规模物种灭绝。其中一次大约有98%的物种消失。但是每次大规模物种灭绝之后，新出现的物种数量总会比消失的还要多！"这当然不是大山雀和秋尺蛾所关心的问题，对它们来说，重新找到生命进程的平衡步调，或者找到新的生态系统伙伴才是当务之急……